娜娜妈教

30 款最想学的天然手工皂

娜娜妈不藏私的经典配方大公开

手工皂达人
娜娜妈 著

河南科学技术出版社
·郑州·

目录

CONTENTS

Part 1 做皂前的准备

做皂前，你一定要知道的事！

Part 2 美肌洁颜皂

给脸庞最细致的呵护

Part 3

温和洁肤皂

用对洁肤皂，身体不干痒

Part 4

家事皂 & 环保蜡烛

安心使用，不用担心化学残留

Part 5

天然液体皂

挤压方便，使用更顺手

Part 6

可爱造型皂

大人、小孩都爱用的甜蜜皂款

Part 1 做皂前的准备

做皂前，你一定要知道的事！

油脂、水、氢氧化钠、粉类、精油……
了解每个材料的用途与功效，
才能成功打皂，调配出适合自己的配方！

材料，决定手工皂的品质

固体皂基本上是由油脂、水、氢氧化钠构成的。除此之外，如果想让手工皂成分更丰富，我们可以添加一些食材、精油等材料入皂，丰富皂的视觉变化与实际功能。

自己动手做手工皂最大的好处，就是可以清楚了解材料的品质与安全性。选择适合的材料，是做手工皂的第一步。

水 & 乳脂

不管是以水入皂，还是以母乳、牛乳、羊乳等乳脂入皂做成乳皂，制作方式是大同小异的。

在水的选择上，除了利用纯水（一定要用煮开的水，切勿使用生水），也可利用丝瓜水、花水（迷迭香花水、洋甘菊花水等）、胡萝卜汁等材料制成冰块入皂，都相当好！乳皂的好处在于乳中的脂肪成分有很好的滋润效果，洗起来会更温润舒服。

油脂

手工皂的成分中，油脂占有很大的比例，它不但会影响手工皂的洗感与功效，也会影响软硬度和起泡度，所以油品的选择相当重要。

任何油品都适合做皂吗？基本上只要是食

用油都可以拿来做皂，但最好使用纯油，避免使用调和油，因为调和油较难计算皂化值，容易影响皂化程度。建议使用未精制的油品，这种油不但保留较完整的营养，价格也比精制的油品便宜。

油脂种类	功效说明
椰子油	制皂的基础用油，起泡度佳，去污力强，若用于清洁肌肤，添加量建议不要超过总油重的 20%，否则洗后容易感到干涩。秋冬时，椰子油为固态的油脂，须先隔水加热后，再与其他液态油脂混合
棕榈油	制皂的基础用油，可以提升皂的硬度，使皂不容易软烂。建议用量占总油重的 30% 以内，以免做出来的皂不易起泡。秋冬时，棕榈油为固态的油脂，须先隔水加热后，再与其他液态油脂混合
乳木果油	具有修护作用，保湿滋润度极高，也很适合用来做护手霜
杏仁油	含有丰富的维生素、矿物质，很适合干性与敏感性肌肤使用。对改善斑点、肤色暗沉或蜡黄、干燥脱皮、皮肤敏感易发炎等情况很有帮助
澳洲胡桃油	成分非常类似皮肤的油脂，保湿效果良好，最大的特色是含有很高的棕榈油酸，可以延缓皮肤细胞的老化，做皂时的建议用量为 15% ~ 30%
橄榄油	起泡度稳定、滋润度高，含有天然维生素 E 及非皂化物成分，营养价值较高，能维护肌肤的紧致与弹性，具有抗老化功效，是天然的皮肤保湿剂。通常会选择初榨（Extra Virgin）橄榄油来制作
新西兰羊毛油	浓度与黏度非常高，且滋润度高于乳木果油，不油腻，用来做成护手霜也很棒！不过因为本身质地很稠，所以用量必须控制，避免造成快速皂化
榛果油	具有美白、保湿效果，很适合作为洗脸皂的材料，但泡沫较少

芒果脂	有极佳的保湿及修护效果，能在皮肤上形成一层保护膜。属于固态油脂，需加热后再与液态油脂混合
棕榈仁油	起泡度高，比椰子油温和，可以取代椰子油使用
开心果油	有抗老化的效果，对粗糙肌肤的修复效果很好
甜杏仁油	温和不刺激，保湿滋润度佳。适合敏感性或婴幼儿的肌肤
红棕榈油	富含天然的胡萝卜素和维生素 E，能帮助修复肌肤，改善粗糙肤质，用量控制在总油量的 10% ~ 35%
蓖麻油	有修护肌肤、保湿的作用。用量不要超过总油量的 20%，否则做出来的皂容易软烂；比例太高也会加快皂化速度，导致来不及入模
鳄梨油	鳄梨油的起泡度稳定、滋润度高，具有深层清洁的效果
山茶花油	含有丰富的蛋白质及维生素 A、维生素 E，还有强抗氧化物质。用于清洁时，会在肌肤表面形成保护膜，锁住水分，用来做洗发皂或护发素也很适合
苦楝油	有很好的杀菌效果，可以止痒，舒缓异位性皮肤炎。不过香气特殊，有些人较难接受
马油	修护性佳，可以帮助肌肤锁住水分，防止皮肤干燥皲裂，配合按摩，效果更好
芥花籽油	价格便宜、保湿度佳、泡沫稳定细致，但必须配合其他硬油使用，建议用量在 30% 以下
橄榄脂	属于固态油脂，含有天然保湿成分角鲨烯，是清洁力强又兼顾保湿滋润效果的好皂材，但是因为产量少，价格稍显昂贵
可可脂	属于固态油脂，闻起来有一股淡淡的巧克力味，保湿滋润效果佳，非常适合干燥肌肤使用，做成护唇膏也很适合
苦茶油	可以刺激毛发生长，让头发富有光泽，对于头发修护保养很有益处
米糠油	可抑制黑色素形成，保湿滋润度高，洗感清爽，高比例使用时皂体易变黄

粉类

添加粉类的手工皂，不但可以增加清洁功效，还可以利用分层、渲染的技巧，为手工皂带来美丽的色彩变化。不过添加粉类时，要先将粉类过筛并均匀搅拌，才不会混合不均喔！

粉类	入皂功效
苦瓜粉	入皂后可增强消炎的功效，并使皂液变成淡绿色
有机胭脂树粉	可以抑制细菌生长，预防痘痘，能让皂液变成深橘色
艾草粉	具有安神的作用，可用于缓和情绪、帮助睡眠。混入皂液中，可使皂液变成绿色
粉红石泥粉	能让皂液变成粉红色。粉红石泥有轻微去角质的功效，可以让肤色更明亮
可可粉	可可粉有安抚心情、舒缓神经的效果。在做造型皂时，可以让皂材变成咖啡色
绿藻粉	富含多种氨基酸及微量元素，具有保湿滋润效果，并可促进细胞再生，入皂后可以让皂液呈现绿色
茶树籽粉	去油污的效果极佳，入皂液后会变成深褐色，适合添加在家事皂里，用于居家用品的清洗

精油

精油在制皂过程中所扮演的角色，可以说具有画龙点睛的效果，一般人拿到手工皂的第一件事，就是拿起来闻闻，若是手工皂不香，接受度通常也就不高。反之，有可能因为味道闻起来很舒服，从此喜欢上手工皂了呢！

真正薰衣草精油	修护肌肤效果佳，用来放松与减压也很棒！
广藿香精油	可促进伤口愈合及皮肤细胞再生，抗发炎效果佳，能有效改善湿疹、毛孔角质化、香港脚等
胡椒薄荷精油	淡化瘢痕，增加皮肤弹性，清凉的感觉对止痒很有帮助
柠檬精油	可以帮助软化角质，美白，预防皱纹
醒目薰衣草精油	促进伤口愈合，有止痛、抗菌的功效
波旁天竺葵精油	有良好的清洁效果，各种肤质皆适用
伊兰精油	可以帮助美白肌肤、调节油脂分泌
罗马洋甘菊精油	适合敏感肌肤使用，可以改善湿疹、痘痘和过敏现象
迷迭香精油	可刺激毛发生长，有效改善头皮屑；有收敛毛孔的效果，适合容易出油的肌肤
甜橙花精油	能舒缓紧绷的神经，安抚烦躁的情绪
安息香精油	可使疤痕快速平复，能有效改善嘴唇干裂、脚底皮肤皲裂等
薄荷精油	有清凉舒适的感觉，可以用来提振精神
尤加利精油	有蓝胶尤加利和柠檬尤加利两种。可以帮助伤口愈合，有强力杀菌和驱虫功效
茶树精油	有抗菌、消炎的效果，能有效抑制痘痘
山鸡椒精油	有收敛、紧实肌肤的效果，适合油性肌肤使用
桧木精油	可以减轻疲劳、抗忧郁，促进血液循环

◆本页介绍的精油种类有限，后文手工皂配方中的精油并非仅限于此。请另外准备。

专业调香达人

选择入皂精油注意事项

1 挑选信任的商家。
2 市售熏香或按摩油等产品不适合入皂，前者含有溶剂，后者含植物油，难以计算皂化值。

Aroma 老师
台湾香菁生技股份有限公司调香师
tffservice@gmail.com

其他材料

种类	功效
马铃薯	入皂后去除油污效果佳，是制作家事皂的好材料。（见P87马铃薯去污皂）
藿香	带有草地的特殊香气，具有消炎抗菌的作用，能有效改善异位性皮肤炎和毛孔角质化等症状。（见P73藿香洗发皂）
海盐	富含矿物质成分，利用海盐的颗粒能去除身体的老旧细胞，是天然去角质的好帮手。（见P43玫瑰海盐去角质皂）
薄荷脑	入皂后可以增加清洁时的清凉感。（见P65薄荷凉爽洁肤皂）
丝瓜络	加入家事皂中，更方便清洗碗盘；或是加入洁肤皂中，具有去角质的功效。（见P77丝瓜络去角质皂）
橘油	不仅清洁效果佳，更具有天然抑菌与防螨驱虫的效果，在使用时还会散发出天然的柑橘香味，用于清洁碗盘或衣物，都有很棒的效果！（见P91橘油家事皂）

自制手工皂配方

固体皂三要素——油脂、水、氢氧化钠，这三个要素的添加比例都有其固定的计算方法，只要学会基本的计算方法，便可以调配出最适合自己的完美配方。

油脂INS硬度的计算方法

首先，制作手工皂时，因为需要不同油脂的功效，故添加的油品众多，**必须先估算成品皂的INS硬度，让INS值位于120～170的范围**，做出来的皂才能软硬度适中。

油脂种类	皂化值（氢氧化钠）	INS硬度	油脂种类	皂化值（氢氧化钠）	INS硬度
椰子油	0.19	258	蓖麻油	0.1286	95
棕榈油	0.141	145	鳄梨油	0.134	99
乳木果油	0.128	116	山茶花油	0.1362	108
杏仁油	0.135	91	苦楝油	0.1387	124
澳洲胡桃油	0.139	119	马油	0.143	100
橄榄油	0.134	109	月见草油	0.1357	30
新西兰羊毛油	0.063	77	芥花籽油	0.1324	56
榛果油	0.1356	94	橄榄脂	0.134	116
芒果脂	0.1371	146	可可脂	0.137	157
棕榈仁油	0.156	227	芦荟油	0.139	97
开心果油	0.1328	92	苦茶油	0.1362	108
甜杏仁油	0.136	97	米糠油	0.128	70

※ 初榨橄榄油和橄榄油的皂化值（氢氧化钠）、INS 硬度相同。

※ 红棕榈油和棕榈油的皂化值（氢氧化钠）、INS 硬度相同。

成品皂INS值＝［（A油重 × A油脂的INS值）＋（B油重 × B油脂的INS值）＋……］÷总油重

我们以杏仁美白皂的配方（见P23）为例，配方中包含椰子油140g、棕榈油140g、乳木果油120g、杏仁油150g、澳洲胡桃油150g，总油重为700g，其成品杏仁美白皂INS值计算如下：

［（椰子油 140g×258）＋（棕榈油 140g×145）＋（乳木果油 120g×116）＋（杏仁油 150g×91）＋（澳洲胡桃油 150g×119）］÷700 ＝ 101840÷700 ＝ 145.4857g →四舍五入即为 145。

氢氧化钠用量的计算方法

估算完 INS 值之后，便可将配方中的每种油脂重量乘以皂化值后相加，计算出制作固体皂时的氢氧化钠用量，计算公式如下：

氢氧化钠用量＝（A油重 × A油脂的皂化值）＋（B油重 × B油脂的皂化值）＋……

我们以杏仁美白皂的配方（见P23）为例，配方中包含椰子油140g、棕榈油140g、乳木果油120g、杏仁油150g、澳洲胡桃油150g，其氢氧化钠的用量计算如下：

（椰子油 140g×0.19）＋（棕榈油 140g×0.141）＋（乳木果油 120g×0.128）＋（杏仁油 150g×0.135）＋（澳洲胡桃油 150g×0.139）＝ 26.6 ＋ 19.74 ＋ 15.36 ＋ 20.25 ＋ 20.85 ＝ 102.8g →四舍五入即为 103g。

水量的计算方法

算出氢氧化钠的用量之后，即可推算溶解氢氧化钠所需的水量，水量是氢氧化钠的2～3倍。书中每款皂计算水量所取倍数并没有固定。以上述例子来看，103g的氢氧化钠，溶解时必须加入103g×2.4＝247.2g的水，为了方便计算，我们取250g即可。

❷ 模具
❻ 橡皮刮刀
❶ 手套
❸ 不锈钢量杯
❼ 电子秤
❶ 围裙
❺ 不锈钢锅
❹ 玻璃搅拌棒

准备好工具，一起打皂吧！

❶手套、围裙、口罩： 在打皂的过程中，需要特别小心碱液，所以一定要戴上口罩、手套、护目镜，系好围裙等防护物，避免让碱液接触皮肤。

❷模具： 各种形状的硅胶模或塑料模，可以让手工皂更有造型。若是没有模具，用洗净的牛奶盒也可以，但是要记得晾干之后再使用，另外要注意不能选用内侧是铝箔包装的纸盒。

❸不锈钢量杯（一个）： 用来放置氢氧化钠，必须全程保持干燥，不能有水分。用塑料杯也可以。

❹玻璃搅拌棒（一个）： 用来搅拌碱液，要有一定长度，大约30cm，以免在操作时手触碰到碱液。

❺不锈钢锅（两口）： 分别用来溶碱和放油，不锈钢锅若是全新的，建议先用醋清洗，避免在打皂时出现黑色碎屑。

❻橡皮刮刀： 烘焙用的刮刀，可以将不锈钢锅的皂液刮干净，减少浪费。在做分层入模时，可以协助缓冲皂液入模，让分层更容易成功。

❼电子秤： 最小称量单位1g即可，用来称量氢氧化钠、油脂和水。

❽不锈钢打蛋器： 用来打皂、混合油脂与碱液，一定要选择不锈钢材质，才不会出现黑色碎屑。

❾温度枪或温度计： 用来测量油脂和碱液的温度，若是使用温度计，要注意不能将温度计当作搅拌棒使用，以免温度计破裂。

天然手工皂分步做

A 准备

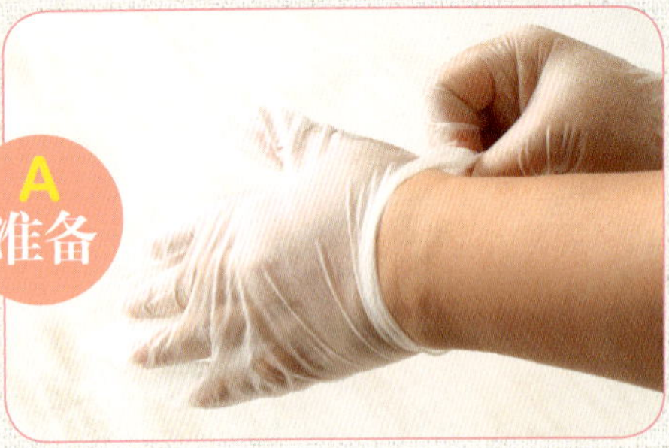

1 请在工作台铺上报纸或是塑料垫，避免损伤桌面，也方便清理。戴上手套、护目镜、口罩，系好围裙。

Tips 请先清理出足够的工作空间，以通风处为佳，或是在抽油烟机下操作。

B 熔油

2 电子秤归零后，将配方中的软油和硬油分别称量好，并将硬油放入不锈钢锅中加温，等硬油熔化后再倒入软油，可以同时降温，并让不同油脂充分混合。（硬油熔化后就可关火，不要加热过头喔！）

C 称量

3 依照配方中的分量，称量氢氧化钠和水（或母乳、牛乳）。氢氧化钠请用不锈钢杯盛装称量，水要先制成冰块再使用，量完后置于不锈钢锅中备用。

Tips 1 请用不锈钢量杯盛装氢氧化钠，并保持干燥，不可接触到水。

Tips 2 将要做皂的水，制成冰块再使用，可降低制作时的温度。

D 溶碱

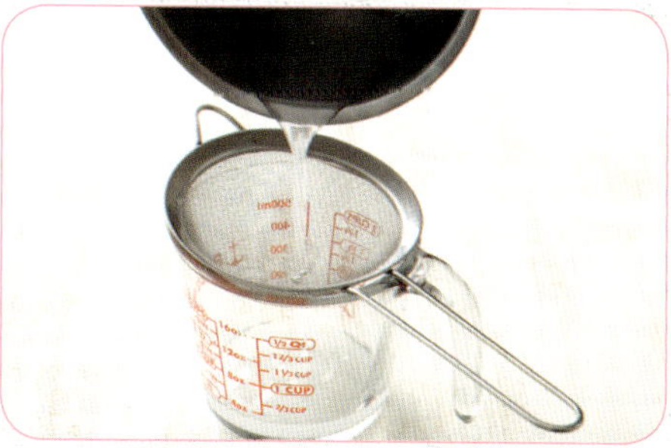

4 将氢氧化钠分3～4次倒入纯水冰块或乳脂冰块中，并用搅拌棒不停地搅拌，速度不可以太慢，避免氢氧化钠粘在锅底，直到氢氧化钠完全溶解，看不到颗粒为止。

Tips 1 搅拌时请使用玻璃棒或不锈钢长汤匙，切勿使用温度计搅拌，以免破裂造成危险。

Tips 2 若此时产生高温及白色烟雾，请小心避免吸入烟雾。

Tips 3 可先将碱液过筛，检查是否还有未溶解的氢氧化钠，再与油脂混合。

E 混合

5 当碱液温度跟油脂温度维持在20～40℃，便可将油脂缓缓倒入碱液中。

Tips 若是制作乳皂，建议混合温度在35℃以下，颜色会较白、较好看。

6 用不锈钢打蛋器混合搅拌，顺时针或逆时针皆可，持续搅拌25～30分钟（注意搅拌的力度）。

Tips 1 刚开始皂化反应较慢，越搅拌会越浓稠，15分钟之后，可以歇息一下再继续。

Tips 2 如果搅拌次数不足，可能导致油脂跟碱液混合不均匀而出现分层的情形（碱液会往下沉到皂液底部）。

Tips 3 若是使用电动搅拌器，每次搅拌只需3～5分钟。不过使用电动搅拌器容易产生泡沫，入模后须轻敲模具来清除泡沫。

7 不断搅拌过后，最后皂液会像沙拉酱般浓稠，整个过程需25～60分钟（配方不同，搅拌时间也不同）。试着在皂液表面画“8”字形，若可看见字体痕迹，代表浓稠度已达标准。

8 加入精油或其他添加物，再搅拌约300下，直至均匀即可。

9 将皂液入模，入模后可放于保丽龙箱保温1天，冬天可以放置3天后再取出（避免温差太大产生皂粉）。

10 放置3～7天后即可脱模，若是皂体还粘在模具上可以多放几天再脱模。

11 脱模后建议再置于阴凉处 3 天，等表面都呈现光滑、不粘手的状态再切皂，才不会粘刀。

12 将手工皂置于阴凉通风处，需 4 ~ 6 周，待手工皂的碱度下降，皂化完成之后，才能使用。

Tips 1 由于室外湿度高，请勿放在室外晾皂，更不可以曝晒于太阳下，否则容易出油，酸败。

Tips 2 制作好的手工皂建议 40 天后用保鲜膜单独包装，防止手工皂因受潮而变质。

娜娜妈小叮咛

- 因为碱液属于强碱，从开始操作到清洗工具，请全程戴上手套，系好围裙，避免受伤喔！若不小心接触到皂液，请立即用大量清水冲洗。
- 使用后的不锈钢锅等工具建议隔天再清洗，放置一天后，工具里的残留物遇水后会变成肥皂状，好冲洗。同时可观察一下，如果清洗后，锅中的水是浑浊的（像一般洗剂一样），就表示成功了；但如果有油脂浮在水面，可能是过程中搅拌不够均匀喔！
- 打皂用的器具跟食用的器具请分开使用。
- 手工皂因为没有添加防腐剂，建议一年内使用完。

手工皂调香 Q&A

本书特别邀请知名调香师 Aroma 老师，来教大家如何让香味能够在皂中留存，让你的手工皂散发迷人的香味，令人爱不释手！

Q 复方精油调和后可以立即入皂吗？

A 没有经过陈置熟成的复方精油，直接放入皂的基底当中，会影响调香效果，做出的皂香味不够融合，定香精油也无法发挥效果。建议复方精油调和好后，先放置于阴凉干燥处，保存 1～2 周后再入皂使用。2 周以上的时间才足以让精油熟成、香气更滋润。

Q 精油入皂的剂量，该如何拿捏呢？

A 剂量的多寡是以精油气味强度以及个人喜好为基准，一般用量为（油量＋水量）×2%。

Q 为什么我的手工皂放了定香精油还是不香？

A 其实手工皂香不香，和定香精油没有关系，而是和气味强度有关。手工皂要香，基本上是要考量配方的气味强度，定香精油并不是主要因素。

Q 书中有些香味使用了 Miaroma 的复方精油，可以使用其他单方精油替代吗？

A Miaroma 的复方精油能够加强香味，可以用来搭配手上的精油原料使用。Miaroma 使用天然精油、原精、凝香体以及天然来源的精油单体调制而成，也可以使用其他天然原精，来达到同样效果！

Miaroma 复方精油	替代原精
Miaroma 晚香玉	晚香玉原精
Miaroma 樱花	玫瑰原精、红花缅栀原精
Miaroma 经典岩兰草、东方岩兰草	鸢尾花根原精、东印度檀香
Miaroma 绿檀	愈创木精油、穗甘松原精、岩玫瑰原精
Miaroma 白柚精粹	绿橘精油、白柚精油、麝香葵种子原精
Miaroma 清新精粹	零凌香豆原精、香草原精
Miaroma 紫恋薰衣草	薰衣草原精、零凌香豆原精
Miaroma 白香草	香草原精
Miaroma 白茶玫瑰	檀香精油、玫瑰精油、麝香葵种子精油
Miaroma 柠檬桧木	扁柏、红桧、柠檬精油

Part 2 美肌洁颜皂

给脸庞最细致的呵护

.七款美肌洁颜皂，
全面改善你的肌肤问题！

ICOT KERNEL OIL
Ena's Soap

杏仁美白皂

改善斑点，告别暗沉

适合肤质　干燥肌肤、敏感肌肤、肤色蜡黄者

使用技法　倒入渲染法

INS硬度　145

这款皂添加了两款好油，一款是杏仁油，它含有丰富的维生素、矿物质，很适合干性与敏感性肌肤使用。对于脸上的小斑点、肤色暗沉及蜡黄、干燥脱皮、皮肤敏感发炎等情况有显著效果，洗完后有清凉的感觉。

另一款是娜娜妈超级爱用的油品——澳洲胡桃油。它具有很好的保湿效果，而且用量不需要很多，价钱也很亲民！它最大的特色是含有很高的棕榈油酸，可以延缓皮肤及细胞的老化，一般做皂时的建议用量为15%～30%。另外，娜娜妈还在皂里添加了粉红石泥粉，有轻微去角质的功效，可以让肤色更明亮，建议一周使用2～3次。

配方

油脂

椰子油 140g
棕榈油 140g
乳木果油 120g
杏仁油 150g
澳洲胡桃油 150g

碱液

氢氧化钠 103g
迷迭香花水 250g

复方精油*

Miaroma晚香玉 10g（约200滴）
白玉兰叶 10g（约200滴）

◆复方精油调和好后，请先放置于阴凉干燥处，保存1～2周后再入皂使用。

添加物

粉红石泥粉 3～7g（视个人喜好添加）

◆以上材料约可做10块100g的手工皂，如左页图大小。

*本书所有配方的“复方精油”一栏中的精油名称中均省去“精油”二字，如白玉兰叶精油写作“白玉兰叶”。特此说明。

做法STEP BY STEP

A 制冰

1 将迷迭香花水制成冰块备用。

2 将步骤1的迷迭香花水冰块置于不锈钢锅中，再将103g的氢氧化钠分3～4次倒入（每次约间隔30秒），同时快速搅拌，让氢氧化钠完全溶解。

B 熔油

3 将配方中的油脂全部量好，先将乳木果油放入不锈钢锅中隔水加热，熔化后加入软油让油脂充分混合。

Tips 秋冬时，椰子油和棕榈油等固态的油脂须先隔水加热后，再与其他液态油脂混合。

4 用温度计分别测量油脂和碱液的温度，二者皆在35℃以下，且温差在10℃之内，即可混合。

C 打皂

5 先将碱液过筛，检查是否还有未溶解的氢氧化钠，再与油脂混合。

6 持续搅拌20～25分钟，直到皂液变稠（但不用稠到画出明显的“8”字形）。

7 将复方精油倒入皂液中，再持续搅拌300下。

D 入模

8 将约1000g的白色皂液分成800g和200g，先将800g白色皂液倒入模具内（约八分满）。

9 将另外200g皂液加入过筛后的粉红石泥粉搅拌均匀备用。

10 将粉红石泥皂液倒入已入模的白色皂液中，再用筷子随意画出线条入模即完成。

Tips 随意倒入后加以渲染，就能做出纹路都不相同的手工皂，脱模时会充满惊喜。

11 将手工皂放入保丽龙箱里保温1～3天。

E 脱模

12 大部分的手工皂隔天就会成形，不过油品不同会影响脱模的时间，所以建议放置3～7天再脱模。

13 脱模后，置于阴凉处晾皂，4～6周后再使用。（使用前可用试纸测试pH值，若在9以下代表已皂化，可以使用了。）

娜娜妈小教室

美白精油露

这款美白精油露添加了可以改善蜡黄肤色的杏仁油，芹菜籽精油则有淡斑的效果，只要将所有材料装入瓶中摇晃均匀就可以使用！

◆使用前请做肌肤测试，以免造成不适。

◆ 材料（成品约10mL）

梅子油5g、杏仁油5g、永久花精油3滴、芹菜籽精油5滴、马鞭草酮迷迭香精油2滴。

◆ 做法

将所有材料混合均匀即可。

◆ 使用方法

可将调和好的精油露加入精华液、乳液中，建议干性肌肤添加5滴，中性肌3滴，油性肌肤1～2滴。全脸皆可使用，避开眼周、唇部即可。

LANOLIN &GOAT'S MILK

羊咩咩滋养乳皂

光滑柔嫩不油腻

适合肤质　干燥肌肤、易脱皮者

使用技法　运用皂卷

INS硬度　143

这一款羊咩咩皂添加了羊毛油与羊乳，属于滋润型的皂款，很适合老年人或是肌肤粗糙、干燥脱皮的人使用。

羊毛油是由羊毛取得，并不是从羊的脂肪取得，它的浓度与黏度非常高，且滋润度高于乳木果油，滋润不油腻，用来做成护手霜也很棒！不过因为本身质地很稠，所以用量必须控制，不能过多，避免造成快速皂化。

羊乳中含有丰富的维生素C，可以让皮肤充满弹性；含有EGF生长因子，能够修补老化的皮肤细胞，是相当天然的美容圣品。

配方

油脂

椰子油 140g
棕榈油 140g
橄榄油 200g
澳洲胡桃油 120g
新西兰羊毛油 100g

碱液

氢氧化钠 96g
羊乳 250g

复方精油

Miaroma白香草 12g（约240滴）
弗吉尼亚雪松 5g（约100滴）
红檀雪松 3g（约60滴）
◆复方精油调和好后，请先放置于阴凉干燥处，保存1～2周后再入皂使用。

添加物

皂片

◆以上材料约可做10块100g的手工皂，如左页图大小。

做法STEP BY STEP

A 制冰

1 将250g的羊乳制成冰块备用。

2 将步骤1的羊乳冰块置于不锈钢锅中，再将96g的氢氧化钠分3～4次倒入（每次约间隔30秒），同时必须快速搅拌，让氢氧化钠完全溶解。

Tips 若羊乳冰块已退冰出水，氢氧化钠倒入的次数可增加到8～10次，避免碱液温度太高。

B 熔油

3 将配方中的油脂全部量好，羊毛油呈浓稠状，需先放入不锈钢锅中隔水加热，熔化后加入软油让油脂充分混合（请避免油温太高加速皂化）。

Tips 秋冬时，椰子油和棕榈油等固态的油脂须先隔水加热后，再与其他液态油脂混合。

4 用温度计分别测量油脂和碱液的温度，二者皆在35℃以下，且温差在10℃之内，即可混合。

C 打皂

5 将步骤2完成的碱液边搅拌边倒入步骤3的油脂中，顺便检查是否还有未溶解的氢氧化钠。

6 持续搅拌约5分钟，将复方精油倒入皂液中，再持续搅拌300下，直到皂液变得浓稠，看起来像美奶滋状（在皂液表面画“8”字形可看见字体痕迹）。

D 入模

7 将1000g的白色皂液倒入模具中填满。

8 利用多余的皂边刨成皂片，再卷成圆柱状的皂条。

9 将皂条一个个直立插入白色皂液中。

Tips1 此款皂的皂化速度很快，皂片一定要先准备好，不然会来不及入膜喔！

Tips2 乳皂不需保温，因为本身有乳脂肪，所以会比一般皂的皂化温度高，冬天可以盖上一层保鲜膜，防止出现皂粉。

E 脱模

10 大部分的手工皂隔天就会成形，不过油品不同会影响脱模的时间，建议这款皂1～3天再脱模。若遇到连日的雨季，建议10天后再脱模。

11 脱模后，置于阴凉处晾皂，4～6周后再使用。（使用前可用试纸测试pH值，若在9以下代表已皂化完全，可以使用了。）

12 切皂时，需要沿横切面（与皂卷垂直）切皂，才会有圈圈状的花纹。

Tips 此款皂因为添加羊毛油，所以皂化速度非常快，如果新手害怕来不及入模，可以用另一种做法：将椰子油、棕榈油、橄榄油和澳洲胡桃油先融合，再与碱液混合便开始打皂，搅拌15～20分钟后，先将精油倒入，持续搅拌300下之后，慢慢地用汤匙一小匙、一小匙的将熔化的羊毛油一起拌入皂液中，直到羊毛油全部加入。

CHAMOMILE WATER

洋甘菊清爽皂

消炎止痒，改善痘痘

适合肤质 痘痘肌肤、敏感肌肤、男士肌肤

使用技法 倒入渲染法

INS硬度 138

这款皂使用洋甘菊花水代替纯水溶碱。洋甘菊花水入皂不但能带来清爽的洗感，还具有消炎、抗痘的效果，洋甘菊花水本身也可以直接拿来当化妆水使用。此外，配方还加入了保湿效果很好的榛果油和芥花籽油，让这款皂同时拥有清爽与保湿的效果。

添加的艾草粉可以帮助舒缓情绪，放松身心，有机胭脂树粉可以抑制细菌生长，预防痘痘，而且我们可以利用这两种粉类的颜色，渲染出秋风落叶般的美丽图案。

配方

油脂

椰子油 175g
棕榈油 175g
芥花籽油 175g
榛果油 175g

碱液

氢氧化钠 105g
洋甘菊花水 240g

复方精油

Miaroma白柚精粹 18g（约360滴）
胡椒薄荷 2g（约40滴）

◆复方精油调和好后，请先放置于阴凉干燥处，保存1～2周后再入皂使用。

添加物

艾草粉 7g
有机胭脂树粉 7g

◆以上材料约可做10块100g的手工皂，如左页图大小。

做法STEP BY STEP

A 制冰

1　将洋甘菊花水制成冰块备用。

2　将步骤1的洋甘菊花水冰块置于不锈钢锅中，再将105g的氢氧化钠分3～4次倒入（每次间隔20～30秒），同时必须快速搅拌，让氢氧化钠完全溶解。

B 熔油

3　将配方中的油脂全部量好备用。

Tips 秋冬时，椰子油和棕榈油等固态的油脂须先隔水加热后，再与其他液态油脂混合。

4　用温度计分别测量油脂和碱液的温度，二者皆在35℃以下，且温差在10℃之内，即可混合。

C 打皂

5　建议可先将碱液过筛，检查是否还有未溶解的氢氧化钠，再与油脂混合。

6　持续搅拌10～15分钟，直到皂液呈微微的浓稠状。（在皂液表面画线条不会很快沉下去即可，但不能稠到画“8”字形可明显看见字体痕迹，否则皂液会过于浓稠，无法做渲染）。

7　将复方精油倒入皂液中，再持续搅拌300下。

D 入模

8 将1000g的白色皂液分装成3个量杯备用，一杯500g，另两杯均为250g。将艾草粉和有机胭脂树粉过筛后，分别加入250g的皂液里搅拌均匀调色，调完色后便可准备入模。

9 大家可以依照自己喜欢的颜色做搭配，利用对角线的概念，用筷子随意勾勒出线条即完成。

10 将手工皂放入保丽龙箱里保温1～3天。

E 脱模

11 大部分的手工皂隔天就会成形，不过油品不同会影响脱模的时间，所以建议放置3～7天再脱模。若是水分比较多或是梅雨季时，也可以晚一点再脱模。

12 脱模后，置于阴凉处晾皂，4～6周后再使用。（使用前可用试纸测试pH值，若在9以下代表已皂化，可以使用了。）

娜娜妈小教室

皂友分享：使用保湿皂，让肌肤不干痒

我是属于混合性偏干的肤质，在夏秋换季时，T字部位出油量逐渐减少、两颊微干，使用娜娜妈的洋甘菊皂与苦瓜皂后，降低了换季时带来的不适感。

洋甘菊皂清爽去油，又能维持一点保湿度，不会因过度清洁而出现干燥的问题，非常适合在出油多、流了很多汗的炎炎夏季使用。

相比而言，苦瓜皂似乎比洋甘菊皂滋润些，洗起脸来觉得保湿又舒适，很适合在季节较干的时候使用。而且，原本就容易手脚干痒的我，苦瓜皂不会让我感到任何不适，洗完后皂体表面也很快就干了，不会软烂，感觉很耐用呢！

Amy

BITTER GOURD

苦瓜消炎抗痘皂

清爽抗痘，收缩毛孔

适合肤质　**毛孔粗大、粉刺、痘痘肌肤**

使用技法　**分层法+运用皂边**

INS硬度　140

苦瓜具有降火气、抗发炎的效果，不仅是好食材，也是好皂材。所以这款皂中，娜娜妈特别加入了苦瓜水和苦瓜粉，洗起来非常清爽舒服，还可以平衡皮脂分泌，改善粉刺问题。

配方中还加入了苦楝油。曾听老一辈的人说，长水痘或是皮肤过敏时，擦苦楝油可以止痒，据说印度人还会将苦楝树的叶子磨碎，敷在皮肤发炎、长脓包的地方来减缓不适，可见苦楝油拥有很好的杀菌镇定的效果。

这款皂我们利用分层法，浅色的分层是加入了苦瓜水，深色的分层则是加入苦瓜粉（使用山苦瓜，效果更棒），不仅看起来颜色协调漂亮，使用起来还有加倍的效果喔！

配方

油脂

椰子油 150g
棕榈油 150g
鳄梨油 200g
芥花籽油 100g
苦楝油 100g

碱液

氢氧化钠 104g
苦瓜水 250g

复方精油

大西洋雪松 9g（约180滴）
Miaroma绿檀 5g（约100滴）
Miaroma白香草 4g（约80滴）
胡椒薄荷 2g（约40滴）

◆复方精油调和好后，请先放置于阴凉干燥处，保存1～2周后再入皂使用。

添加物

苦瓜粉 14g
皂边

◆以上材料约可做10块100g的手工皂，如左页图大小。

做法STEP BY STEP

A 制冰

1 将250g的苦瓜水制成冰块备用。

2 将步骤1的苦瓜水冰块，置于不锈钢锅中，再将104g的氢氧化钠分3～4次倒入（每次约间隔30秒）。同时必须快速搅拌，让氢氧化钠完全溶解。

B 熔油

3 将配方中的油脂全部量好备用。

Tips 秋冬时，椰子油和棕榈油等固态的油脂须先隔水加热后，再与其他液态油脂混合。

4 用温度计分别测量油脂和碱液的温度，二者皆在35℃以下，且温差在10℃之内，即可混合。

C 打皂

5 先将碱液过筛，检查是否还有未溶解的氢氧化钠，再与油脂混合。

6 持续搅拌25～30分钟，直到皂液看起来像美奶滋一样，在皂液表面画“8”字形可看见字体痕迹。

7 将复方精油倒入皂液中，再持续搅拌300下。

D
入模

8 将500g白色皂液倒入皂模里，加入皂边做装饰后，在另外500g皂液中加入过筛的苦瓜粉（如右图），搅拌均匀后再倒入已入模的白色皂液上（可以用刮刀辅助慢慢倒入），即完成分层皂。

9 放入保丽龙箱保温1～3天。

E
脱模

10 大部分的手工皂隔天就会成形，不过油品不同会影响脱模的时间，所以建议放置3～7天再脱模。若是水分比较多或是梅雨季时也可以晚一点再脱模。

11 脱模后，置于阴凉处晾皂，4～6周后再使用。（使用前可用试纸测试pH值，若在9以下代表已皂化，可以使用了。）

娜娜妈
小教室

苦瓜抗痘喷雾

苦瓜汁具有降火的作用，除了可以直接饮用之外，市售的苦瓜水也是很好的保湿喷雾水，它能有效收缩毛孔，消除痘疤，舒缓痘痘的红肿情况。

◆材料（成品100mL）

苦瓜水45g、洋甘菊纯露45g。

◆做法

将苦瓜水与洋甘菊纯露装进喷瓶，轻轻摇匀即可使用。

◆使用前请做肌肤测试，以免造成不适。

Tips 因为不含防腐剂，所以尽量于1个月内使用完毕。或可以添加葡萄籽萃取液，添加量为成品的3%～7%（浓度不同，添加比例不同，建议询问卖家）来延长使用期限，并于6个月内使用完毕。

CARROT

胡萝卜修护皂

修复肌肤，改善粗糙肤质

适合肤质　老人、小孩及干性皮肤

使用技法　分层法+运用皂条

INS硬度　140

这款皂主要利用了未精制的红棕榈油，制造出美丽的橙色。红棕榈油富含天然的胡萝卜素和维生素E，能帮助肌肤修复，并改善粗糙的肤质。不过红棕榈油的硬度比棕榈油软一些，代替棕榈油使用时，用量需控制在总油量的10%～35%。

为了让皂色有深浅的层次变化，加入了有机胭脂树粉，调配出深橘色皂液，再利用三层分层的做法，就能制作出丰富色泽感的手工皂了！

配方

油脂

未精制红棕榈油 200g
棕榈仁油 150g
开心果油 150g
甜杏仁油 100g
乳木果油 100g

碱液

氢氧化钠 98g
胡萝卜汁 235g

复方精油

醒目薰衣草 10g（约200滴）
Miaroma清新精粹 6g（约120滴）
Miaroma紫恋薰衣草 4g（约80滴）
◆复方精油调和好后，请先放置于阴凉干燥处，保存1～2周后再入皂使用。

添加物

有机胭脂树粉 7g
β-胡萝卜素 7g
皂条

◆以上材料约可做10块100g的手工皂，如左页图大小。

做法STEP BY STEP

A 制冰

1 将235g的胡萝卜汁制成冰块备用。

2 将步骤1的胡萝卜汁冰块置于不锈钢锅中，再将98g的氢氧化钠分3～4次倒入（每次约间隔30秒）。同时必须快速搅拌，让氢氧化钠完全溶解。

3 将配方中的油脂全部量好，乳木果油放入不锈钢锅中隔水加热，

B 熔油

熔化后加入软油让油脂充分混合。

Tips 秋冬时，椰子油和棕榈油等固态的油脂须先隔水加热后，再与其他液态油脂混合。

4 用温度计分别测量油脂和碱液的温度，二者皆在35℃以下，且温差在10℃之内，即可混合。

C 打皂

5 将步骤2完成的碱液边搅拌边倒入步骤3的油脂中，顺便检查是否还有未溶解的氢氧化钠。

6 持续搅拌25～35分钟，直到皂液变得浓稠，看起来像美奶滋状（在皂液表面画“8”字形可看见字体痕迹）。

7 将复方精油倒入皂液中，再持续搅拌300下。

D 入模

8 将1000g的浅橘色皂液分成2锅各500g备用。

9 将其中一锅500g的皂液先加入7g的β–胡萝卜素搅拌均匀，再加入过筛的7g有机胭脂树粉搅拌均匀，即完成一锅500g的深橘色皂液，再分成2锅各250g备用。

10 先将250g深橘色的皂液倒入模具里，并放上皂条装饰后，再倒入500g浅橘色皂液，同样的再放上皂条装饰，最后再将250g深橘色皂液倒在浅橘色皂液上，即完成深—浅—深的三层分层皂。

Tips 很多人做分层皂不易成功，大多是因为在倒入第二、三层皂液时力度过大，最好以刮刀辅助，让皂液沿着刮刀缓缓流入，分层效果就会较为明显。

11 放入保丽龙箱保温1～3天。

E 脱模

12 大部分的手工皂隔天就会成形，不过油品不同会影响脱模的时间，所以建议放置3～7天再脱模。

13 脱模后，置于阴凉处晾皂，4～6周后再使用。（使用前可用试纸测试pH值，若在9以下代表已皂化完全，可以使用了。）

SEA SALT

★入门款

玫瑰海盐去角质皂

温和洗净不干涩

适合肤质 粗糙、角质老化的肤质

使用技法 倒入渲染法

INS硬度 226

很多人都会觉得椰子油含量高的皂洗起来较干涩，这款皂的椰子油含量虽然高，但使用后肌肤会超乎想象地润滑喔！

建议使用细海盐，避免洗起来会感到疼痛，而且温和细致的海盐，适用于脸部与身体，夏天建议一周使用2～3次，冬天一周用1次即可，如果想要更好的洗感，可以使用母乳制作喔！

通常含有高比例的海盐皂会产生盐析现象，导致做出来的皂会不断出水，不过用娜娜妈改良后的配方，出水2～3天后，就会呈现干爽好保存的状态，而且去角质的效果一样是一级棒呢！

配方

油脂

椰子油 600g
甜杏仁油 75g
蓖麻油 75g

碱液

氢氧化钠 134g
纯水 320g

复方精油

波旁天竺葵 10g（约200滴）
Miaroma白茶玫瑰 10g（约200滴）
◆复方精油调和好后，请先放置于阴凉干燥处，保存1～2周后再入皂使用。

添加物

海盐 230g
粉红石泥粉 3～7g

◆以上材料约可做12块100g的手工皂，如左页图大小。

做法STEP BY STEP

A 制冰

1 将320g的水制成冰块备用。

2 将步骤1的冰块，置于不锈钢锅中，再将134g的氢氧化钠分3～4次倒入（每次约间隔30秒）。同时必须快速搅拌，让氢氧化钠完全溶解。

B 熔油

3 将配方中的油脂全部量好备用。

Tips 秋冬时，椰子油须先隔水加热后，再与其他液态油脂混合。

4 用温度计分别测量油脂和碱液的温度，二者皆在35℃以下，且温差在10℃之内，即可混合。

C 打皂

5 将步骤2完成的碱液边搅拌边倒入步骤3的油脂中，顺便检查是否还有未溶解的氢氧化钠。

6 持续搅拌15～20分钟，将230g海盐慢慢倒入，继续搅拌直到皂液有些浓稠即可。

7 将复方精油倒入皂液中，再持续搅拌300下。

Tips 常常看到一些海盐皂配方，海盐的重量是油重的一半，但高比例的海盐会使完成皂一直出水，所以娜娜妈减少海盐量，自然可以减少出水情形，皂宝宝也变得更好照顾喔！

D 入模

8 将约1000g的白色皂液分成800g和200g，先将800g的皂液倒入模具内填满（约八分满）。

9 再在200g皂液中加入过筛后的粉红石泥粉（视个人喜好增减，加越多颜色越深）。

10 搅拌均匀后倒入已入模的白色皂液中，再用筷子随意画出线条即完成。

Tips1 随意倒入并加以渲染，做出来的每一款皂的造型都不同，脱模时会充满惊喜。

Tips2 因为加入大量的海盐，会造成皂体比较松散，建议用模具做比较漂亮，不然会一切就碎喔！

E 脱模

11 海盐皂的硬度较高，4～6小时即可脱模。

12 脱模后，置于阴凉处晾皂，4～6周后再使用。（使用前可用试纸测试pH值，若在9以下代表已皂化，可以使用了。）

Tips 椰子油比例高的皂，硬度较硬，4～6小时就可脱模，如果要盖皂章的话，脱模后要立即进行，不然皂变硬了就没法盖了哦！

娜娜妈小教室

皂友分享：海盐皂，改善了长年的脚底脱皮

我的脚底严重脱皮三十几年，从来没好过，没有想到一块海盐皂就改善了，真是太神奇了！以前只能靠皮肤科的药物来控制，但是治标不治本，只要停药，又会开始脱皮。

在网上看到娜娜妈推荐好用的海盐去角质皂，本来是要买来洗澡去角质用的，却意外发现使用之后，竟然让长年脱皮的脚底变得光滑，真的是意料之外的收获，也让我从此爱上海盐皂。谢谢娜娜妈制作优质的手工皂，我会持续使用的！

TONY

VERBENA

马鞭草清新皂

绵密泡泡，保护肌肤

适合肤质　中性、油性肤质洁颜或除毛刮胡

使用技法　运用皂卷

INS硬度　191

这款味道清新的豆浆皂，适合中性、油性肤质的朋友使用，添加马鞭草精油，对于皮肤与毛发、胡须皆有软化的效果，还能让肌肤变得柔嫩；清新的香气，还能舒缓情绪、放松心情，洗完后会有清爽又保湿的感觉。

另外，娜娜妈也特别推荐这款皂的第二种使用方法，就是把它当作男性刮胡、女性除毛好帮手来使用，利用椰子油的高起泡度，让男性朋友刮胡子时使用，温和又干净，也很适合女性朋友在刮除腿毛、腋毛时使用。

配方

油脂

椰子油 350g
棕榈油 150g
乳木果油 100g
鳄梨油 100g

碱液

氢氧化钠 114g
豆浆 260g

复方精油

马鞭草 12g（约240滴）
薄荷 2g（约40滴）
Miaroma柠檬桧木 6g（约120滴）
◆复方精油调和好后，请先放置于阴凉干燥处，保存1～2周后再入皂使用。

添加物

深、浅绿色皂片

◆以上材料约可做10块100g的手工皂，如左页图大小。

做法STEP BY STEP

A 制冰

1 将260g的豆浆制成冰块备用。

2 将步骤1的豆浆冰块置于不锈钢锅中，再将114g氢氧化钠分3～4次倒入（每次约间隔30秒）。同时必须快速搅拌，让氢氧化钠完全溶解。

B 熔油

3 将配方中的油脂全部量好，乳木果油放入不锈钢锅中隔水加热，熔化后加入软油让油脂充分混合。

Tips 秋冬时，椰子油和棕榈油等固态的油脂须先隔水加热后，再与其他液态油脂混合。

4 将豆浆碱液过筛后，再用温度计分别测量油脂和碱液的温度，二者皆在35℃以下，且温差在10℃之内，即可混合。

C 打皂

5 将步骤2完成的碱液边搅拌边倒入步骤3的油脂中，顺便检查是否还有未溶解的氢氧化钠。

6 持续搅拌20～30分钟，直到皂液变得浓稠，看起来像美奶滋状（在皂液表面画“8”字形可清楚看见字体痕迹）。

7 将复方精油倒入皂液中，再持续搅拌300下。

D 入模

8 将1000g白色皂液倒入模具，再将深浅绿色皂片做成卷卷状，并一个个直立放入白色皂液中即完成。

E 脱模

9 大部分的手工皂隔天就会成形，不过油品不同会影响脱模的时间，所以建议放置3～7天再进行脱模。

10 脱模后，置于阴凉处晾皂，4～6周后再使用。（使用前可用试纸测试pH值，若在9以下代表已皂化完全，可以使用了。）

11 切皂时，需要沿纵切面（与皂卷平行）切皂。

娜娜妈小教室

收敛修护水

德国洋甘菊可以帮助消炎抗菌，金缕梅花水具有收敛毛孔、抗菌、止血的效果。除毛刮胡后，可能会造成一些细微的小伤口，非常适合擦上这一款收敛水帮助修护。

◆材料（成品约100mL）

罗马洋甘菊纯露45g、金缕梅花水45g。

◆做法

将所有材料装入瓶中，均匀混合后即可使用。

◆使用前请做肌肤测试，以免造成不适。

娜娜妈
小教室

皂友分享❶：遇见手工皂，再也不需要擦类固醇药膏了！

使用前

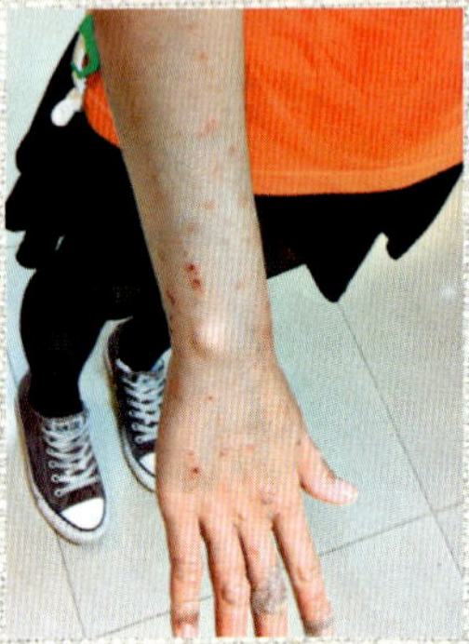

使用后

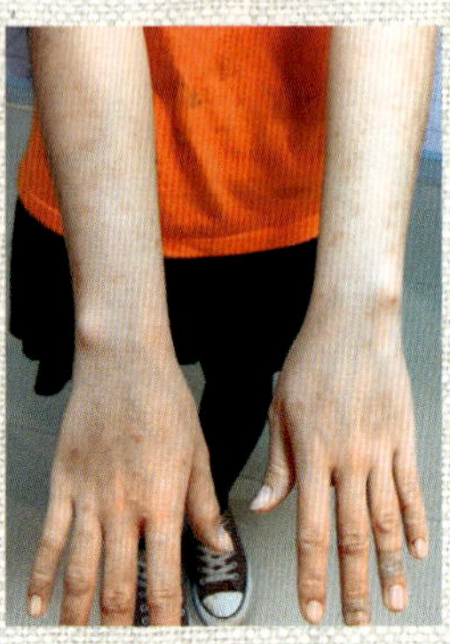

因为遗传的关系，我和家人的皮肤常有长水疱、红肿、发痒的情况，导致手脚一直都有无法愈合的伤口。看了皮肤科，擦了药，也改用清水清洗，但是症状似乎都无法改善。直到偶然遇见娜娜妈，她发现我的状况，给我试用了她的手工皂，才慢慢开始改变了我以为无可救药的皮肤。

自从用了手工皂清洁之后，我的肌肤不再痒了，持续使用之后，伤口也慢慢舒缓好转，现在的我再也不用靠擦类固醇药膏来控制了！

橘妹妹

皂友分享❷：藿香手工皂，缓解毛孔角化症

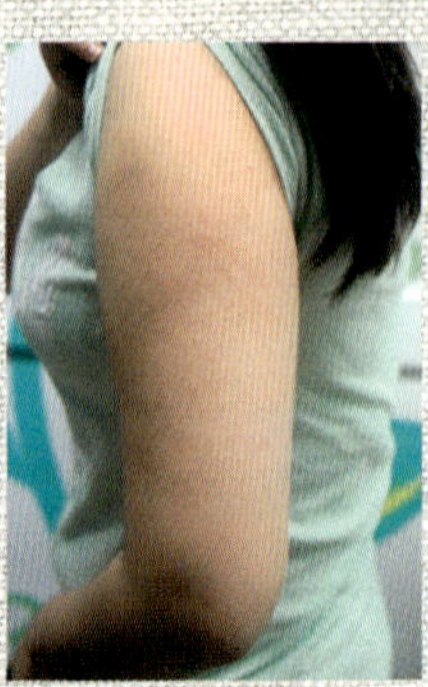

我的手臂有很严重的毛孔角化症，皮肤会呈现一粒粒红红的凸起状，让我不敢穿无袖的衣服。医生告诉我这是遗传，无法根治，让我心灰意冷。无意间看见皂友的分享，有皂友和我有相同的困扰，没想到是用了娜娜妈藿香手工皂之后，改善了许多，这让我重新燃起希望，决定也开始使用手工皂来清洁。目前使用一个月，手臂上的红点点有慢慢变淡的迹象，相信不久之后，我也可以穿上无袖衣服喽！

莎莉

Part 3 温和洁肤皂

用对洁肤皂，身体不干痒

使用自制的温和洁肤皂，改善恼人的肌肤问题，
洗净的同时给予滋润，让洗澡成为一种享受！

CAMELLIA OIL

山茶花美肤乳皂

强效滋润，不干燥

适合肤质 中性、干性肌肤

使用技法 分层法＋运用皂片

INS硬度 141

山茶花油自古就是以保养用油闻名，对肌肤和头发都非常好，是中国、日本等国家自古流传的保养圣品。

它含有丰富的蛋白质及维生素A、维生素E，含有高效抗氧化物质，其营养价值可与橄榄油相媲美。

山茶花油入皂用于清洁时，同时会在肌肤表面形成保护膜，锁住水分，拿来做洗发皂或护发油也很适合。这款皂以羊乳冰块代替纯水冰块溶碱，让皂的保湿滋润度加倍，洗完澡后肌肤水嫩不紧绷。

配方

油脂

棕榈油 150g
山茶花油 220g
棕榈仁油 150g
乳木果油 90g
榛果油 90g

碱液

氢氧化钠 98g
羊乳 236g

复方精油

Miaroma樱花 7g（约140滴）
波旁天竺葵 6g（约120滴）
真正薰衣草 6g（约120滴）
伊兰 1g（约20滴）

◆复方精油调和好后，请先放置于阴凉干燥处，保存1～2周后再入皂使用。

添加物

皂片（视个人喜好添加）

◆以上材料约可做10块100g的手工皂，如左页图大小。

做法STEP BY STEP

A 制冰

1 将236g羊乳制成冰块备用。

2 将步骤1的羊乳冰块置于不锈钢锅中，再将98g氢氧化钠分3～4次倒入（每次约间隔30秒），同时必须快速搅拌，让氢氧化钠完全溶解。

B 熔油

3 将配方中的油脂全部量好，先将乳木果油放入不锈钢锅中隔水加热，熔化后加入软油让油脂充分混合。

Tips 秋冬时，棕榈油和棕榈仁油须先隔水加热后，再与其他液态油脂混合。

4 用温度计分别测量油脂和碱液的温度，二者皆在35℃以下，且温差在10℃之内，即可混合。

C 打皂

5 将步骤2完成的碱液边搅拌边倒入步骤3的油脂中，顺便检查是否还有未溶解的氢氧化钠。

6 持续搅拌25～35分钟，直到皂液变得浓稠，看起来像美奶滋状（在皂液表面画“8”字形可清楚看见字体痕迹）。

7 将复方精油倒入皂液中，再持续搅拌300下。

D 入模

8 将1000 g 的白色皂液分次倒入模具里，每倒入一层皂液便加上一层皂片，可以分3～4层。

Tips 加入不同颜色的皂片，可以让手工皂更丰富多变，建议皂片先准备好，以免来不及入模装饰。

E 脱模

9 大部分的手工皂隔天就会成形，不过油品不同会影响脱模的时间，所以建议放置3～7天再脱模。

10 脱模后，置于阴凉处晾皂，4～6周后再使用。（使用前可用试纸测试pH值，若在9以下代表已皂化完全，可以使用了。）

娜娜妈小教室

山茶花修护油

日本人非常喜欢山茶花油，还给了它“神仙油”的美称，可见它的保养效果深受大家肯定。娜娜妈也相当喜欢将此修护油抹在发尾，帮助整顺后更好梳理。

Tips 如果想要与市售的护发油一样清爽的话，可以在配方中加入会挥发的硅灵，或是可以将精油加到10%的比例，当护发油使用。

◆材料（成品20g）
山茶花油18g、维生素E2g、伊兰精油3滴、Miaroma白茶玫瑰10滴。

◆做法
将所有材料倒入瓶中，混合均匀即可使用。

◆使用方法
将少许山茶花修护油沾在指间，来回在发尾上轻搓即可。注意不要抹太多，否则会太油喔！

◆使用前请做肌肤测试，以免造成不适。

ASIATIC WORMWOOD

★入门款

艾草温和抗敏乳皂

给肌肤最细致的呵护

适合肤质　婴幼儿及敏感性肌肤

使用技法　倒入渲染法

INS硬度　141

宝宝长时间穿着尿布，屁屁容易长疹子，使用这一款艾草乳皂可以温和洗净，呵护宝宝细致的肌肤，降低长疹子的概率，一般小朋友也适用。

这款皂选用了澳洲胡桃油，它的成分非常类似皮肤的油脂，保湿效果良好，搭配鳄梨油使用，可以深层清洁肌肤、改善过敏现象，不会造成肌肤负担！

添加的艾草粉具有安神的作用，可协助缓和紧张、帮助幼儿睡眠；绿藻粉则富含多种氨基酸及微量元素，具有保湿滋润效果，并可促进细胞再生，入皂后可以让皂液呈现绿色，用来渲染能让皂体更美观。

▶艾草粉

配方

油脂

棕榈油 140g
棕榈仁油 140g
初榨橄榄油 120g
澳洲胡桃油 100g
鳄梨油 100g
乳木果油 100g

碱液

氢氧化钠 98g
母乳235g（也可用牛乳或水替代）

复方精油

真正薰衣草 8g（约160滴）
Miaroma紫恋薰衣草 2g（约40滴）
Miaroma清新精粹 1g（约20滴）
◆复方精油调和好后，请先放置于阴凉干燥处，保存1～2周后再入皂使用。

添加物

绿藻粉 3～7g（视个人喜好添加）
艾草粉 3～7g（视个人喜好添加）

◆以上材料约可做10块100g的手工皂，如左页图大小。

做法STEP BY STEP

1 将235g的母乳制成冰块备用。

2 将步骤1的母乳冰块置于不锈钢锅中，再将98g的氢氧化钠分3～4次倒入（每次约间隔30秒），同时必须快速搅拌，让氢氧化钠完全溶解。

3 将配方中的油脂全部量好，乳木果油放入不锈钢锅中隔水加热，熔化后加入软油让油脂充分混合。

Tips 秋冬时，棕榈油和棕榈仁油须先隔水加热后，再与其他液态油脂混合。

4 用温度计分别测量油脂和碱液的温度，二者皆在35℃以下，且温差在10℃之内，即可混合。

5 将步骤2完成的碱液边搅拌边倒入步骤3的油脂中，顺便检查是否还有未溶解的氢氧化钠。

6 持续搅拌15～20分钟，直到皂液变成微微的浓稠状（在皂液表面画线条不会很快沉下去即可，但不能稠到画“8”字形可看见字体痕迹，否则皂液会因为过于浓稠而无法做渲染）。

7 将复方精油倒入皂液中，再持续搅拌300下。

D
入模

8 将约1000g的白色皂液分成800g和200g，先将800g的皂液倒入模具内。

9 在200g的皂液中加入过筛后的绿藻粉和艾草粉，搅拌均匀后倒入已入模的白色皂液中，再用筷子随意画出线条即完成。

Tips1 随意倒入后加以渲染，就能做出每一块纹路都不相同的手工皂，脱模时会充满惊喜喔！

Tips2 乳皂不需保温，因为本身有乳脂肪，皂化温度会比用水做时高，冬天可以盖上一层保鲜膜，防止皂粉出现。

E
脱模

10 大部分的手工皂隔天就会成形，不过油品不同会影响脱模的时间，所以建议放置3～7天再脱模。

11 脱模后，置于阴凉处晾皂，4～6周后再使用。（使用前可用试纸测试pH值，若在9以下代表已皂化完全，可以使用了。）

娜娜妈
小教室

宝贝抗敏软膏

乳木果油具有修护的作用，金盏花可以舒缓过敏症状，苦楝油则可以杀菌，当宝宝因为垫尿布而导致屁股长疹子，或身体有其他地方过敏时，都可以擦这款软膏，减轻不适感。

Tips 若宝宝屁屁上长疹子，可以用真正薰衣草纯露＋罗马洋甘菊纯露，以1:1调和后，湿敷约10分钟。

◆材料（成品50g）

乳木果油20g、金盏花浸泡油10g、澳洲胡桃油5g、苦楝油5g、橄榄乳化蜡8～10g、罗马洋甘菊精油10滴、真正薰衣草精油40滴（若两岁以下婴幼儿使用，建议精油在膏状基底中的比例为0.5%）。

◆做法

将全部的材料隔水加热，等油脂都熔化、降温后，再加入精油搅拌均匀，就可以装入容器中，等待约20分钟凝固后，即可使用。

◆使用前请做肌肤测试，以免造成不适。

HORSE OIL

★入门款

马油滋润修护乳皂

预防皲裂，修护肌肤

适合肤质：婴儿、老人及皮肤干痒者

使用技法：倒入渲染法

INS硬度：138

马油是修护性很好的油脂，它可以帮助肌肤锁住水分，防止皮肤干燥皲裂，配合按摩，效果更好。

马油含有丰富的高度不饱和脂肪酸和维生素E，具有强大的渗透性，可将毛孔间隙中的空气挤出，并渗透至皮下组织，在养分被吸收的同时，不但不会阻碍皮肤呼吸，还能使皮肤更健康。

为了降低皂的刺激感，我用了棕榈仁油来取代椰子油。白色珠光粉依个人喜好可选择加或不加，如不添加就不需要将1000g皂液分次入模了。

配方

油脂

棕榈油 140g
马油 220g
棕榈仁油 140g
初榨橄榄油 100g
乳木果油 100g

碱液

氢氧化钠 99g
牛乳 237g

◆以上材料约可做10块100g的手工皂，如左页图大小。

复方精油

真正薰衣草 9g（约180滴）
Miaroma紫恋薰衣草 1g（约20滴）
◆复方精油调和好后，请先放置于阴凉干燥处，保存1～2周后再入皂使用。

添加物

白色珠光粉 7g（视个人喜好添加）

做法STEP BY STEP

A 制冰

1 将237g的牛乳制成冰块备用。

2 将步骤1的牛乳冰块置于不锈钢锅中，再将99g的氢氧化钠分3～4次倒入（每次约间隔30秒），同时必须快速搅拌，让氢氧化钠完全溶解。

B 熔油

3 将配方中的油脂全部量好，乳木果油放入不锈钢锅中隔水加热，熔化后加入软油让油脂充分混合。

Tips 秋冬时，棕榈油和棕榈仁油须先隔水加热后，再与其他液态油脂混合。

4 用温度计分别测量油脂和碱液的温度，二者皆在35℃以下，且温差在10℃之内，即可混合。

C 打皂

5 将步骤2完成的碱液边搅拌边倒入步骤3的油脂中，顺便检查是否还有未溶解的氢氧化钠。

6 持续搅拌约15分钟，直到皂液变成微微的浓稠状（在皂液表面画线条不会很快沉下去即可，但不能稠到画“8”字形可看见字体痕迹，否则皂液会过于浓稠无法做渲染）。

7 将复方精油倒入皂液中，再持续搅拌300下。

D 入模

8 将1000g的白色皂液分成800g和200g，先将800g的皂液缓缓倒入模具内。

9 在200g的皂液中加入过筛后的7g白色珠光粉，搅拌均匀后再倒入已入模的白色皂液中，用筷子随意画出线条即可。

Tips1 随意倒入后加以渲染，就能做出一块块纹路都不相同的手工皂，脱模时会充满惊喜喔！

Tips2 乳皂不需保温，因为本身有乳脂肪，皂化温度会比用水做时高，冬天可以盖上一层保鲜膜，防止皂粉出现。

E 脱模

10 大部分的手工皂隔天就会成形，不过油品不同会影响脱模的时间，所以建议放置3～7天再脱模。

11 脱模后，置于阴凉处晾皂，4～6周后再使用。（使用前可用试纸测试pH值，若在9以下代表已皂化完全，可以使用了。）

娜娜妈小教室

宝宝万用膏

小宝宝的肌肤细嫩，常常成为蚊虫叮咬的对象，涂抹一般止痒膏可能会过于刺激，建议妈妈们自制这一款宝宝万用膏，安全又放心！

◆材料（成品约60g）

澳洲胡桃油10g、月见草油10g、乳木果油20g、橄榄乳化蜡10g、金盏花浸泡油10g、岩玫瑰精油3滴、广藿香精油1滴、沉香醇百里香精油1滴。

◆做法

将全部油脂隔水加热，待油脂完全熔化、降温后，再加入精油拌匀，就可以装入罐子，等待凝固后便可使用。

Tips 工具要用75%的乙醇消毒过后再使用。

◆使用前请做肌肤测试，以免造成不适。

SPEARMINT

薄荷凉爽洁肤皂

清凉舒畅，抵抗高温

这款皂非常适合在炎炎夏日里使用，洗后会感到清凉舒爽，带走全身的黏腻不舒服感！添加薄荷脑，清凉感更加倍。

甜杏仁油和芥花籽油，有良好的保湿度和清爽的特性，让洗澡变成一大享受！男士们也很适合用这款皂进行全面清洁，头发、面部、身体一皂搞定！

适合肤质 油性肌肤

使用技法 倒入渲染法

INS硬度 146

▲加入薄荷脑，能带来清凉感。

配方

油脂

椰子油 180g
棕榈油 180g
甜杏仁油 170g
芥花籽油 85g
鳄梨油 85g

碱液

氢氧化钠 105g
迷迭香花水253g

添加物

艾草粉 7g（视个人喜好添加）
薄荷脑 7g（视个人喜好添加）

复方精油

迷迭香 6g（约120滴）
甜橙花 4g（约80滴）
真正薰衣草 3g（约60滴）
柠檬 2g（约40滴）
安息香 2g（约40滴）
绿薄荷 1g（约20滴）
蓝胶尤加利 1g（约20滴）

◆复方精油调和好后，请先放置于阴凉干燥处，保存1～2周后再入皂使用。

◆以上材料约可做10块100g的手工皂，如左页图大小。

做法STEP BY STEP

1 将253g的迷迭香花水制成冰块备用。

2 将步骤1的迷迭香花水冰块置于不锈钢锅中，再将105g的氢氧化钠分3～4次倒入（每次约间隔30秒），同时必须快速搅拌，让氢氧化钠完全溶解。

3 将配方中的油脂全部量好备用。

Tips 秋冬时，椰子油和棕榈油等固态的油脂须先隔水加热后，再与其他液态油脂混合。

4 用温度计分别测量油脂和碱液的温度，二者皆在35℃以下，且温差在10℃之内，即可混合。

5 将步骤2完成的碱液边搅拌边倒入步骤3的油脂中，顺便检查是否还有未溶解的氢氧化钠。

6 持续搅拌约15分钟，直到皂液变成微微的浓稠状（在皂液表面画线条不会很快沉下去即可，但不能稠到画“8”字形可明显看见字体痕迹，否则皂液会过于浓稠，无法搅拌做渲染），再将敲碎的薄荷脑加入。

7 将复方精油倒入皂液中，再持续搅拌300下。

D 入模

8 将1000g的白色皂液分成900g和100g，先将900g的皂液倒入模具内。

9 将100g的皂液加入7g薄荷脑以及过筛后的艾草粉，搅拌均匀后，以倒圈圈的方式倒下数个绿色圈圈，大小类似1元硬币，再用竹签随意画出线条。

10 将手工皂放入保丽龙箱里，保温1～3天。

E 脱模

11 大部分的手工皂隔天就会成形，不过油品不同会影响脱模的时间，建议放置3～7天再脱模。

12 脱模后，置于阴凉处晾皂，4～6周后再使用。（使用前可用试纸测试pH值，若在9以下代表已皂化完全，可以使用了。）

娜娜妈小教室

波旁天竺葵随身香水

香气往往能带给人愉悦的味觉享受，随身携带一瓶小香水，保持着芳香的气息，也能带来好心情喔！

◆材料（成品约7g）

已陈化的香水级乙醇6g，波本天竺葵精油15～20滴（精油的香味浓度可视个人喜好调配）。

◆做法

将材料搅拌均匀后，装入滚珠瓶即可使用。

◆使用方法

轻轻涂抹于手腕或耳后即可。

◆使用前请做肌肤测试，以免造成不适。

OLIVE OIL

橄榄抗老保湿乳皂

紧致抗老，天然保湿

适合肤质：易干痒者、老人、儿童

使用技法：分层法+运用皂边

INS硬度：147

这款是针对冬天皮肤易干痒者设计的皂款。橄榄油起泡度稳定、滋润度高，含有天然维生素E及非皂化物成分，营养价值较高，能维护肌肤的紧致与弹性，具有抗老功效，是天然的皮肤保湿剂。通常会选择初榨橄榄油来制作。

橄榄皂的泡沫细柔但是泡泡量不多，所以搭配上椰子油来达到起泡的效果，也可以改用棕榈仁油减少椰子油带来的干涩感，不喜欢没有泡泡的纯橄榄皂的朋友，可以试试这款皂喔！

另外，我还加入了兼具橄榄油与乳油木果脂特质的橄榄脂，它含有天然保湿成分——角鲨烯，易被人体皮肤吸收，是极滋润的脂类。

配方

油脂

椰子油 120g
棕榈油 180g
初榨橄榄油 250g
蓖麻油 50g
橄榄脂 50g
可可脂 50g

碱液

氢氧化钠 102g
牛乳 245g

复方精油

甜橙花 8g（约160滴）
芳樟 4g（约80滴）
波旁天竺葵 4g（约80滴）
Miaroma白香草 4g（约80滴）

◆复方精油调和好后，请先放置于阴凉干燥处，保存1～2周后再入皂使用。

添加物

皂边（视个人喜好添加）

◆以上材料约可做10块100g的手工皂，如左页图大小。

做法STEP BY STEP

A 制冰

1 将245g的牛乳制成冰块备用。

2 将步骤1的牛乳冰块置于不锈钢锅中，再将102g的氢氧化钠分3～4次倒入（每次约间隔30秒）。同时必须快速搅拌，让氢氧化钠完全溶解。

B 熔油

3 将配方中的油脂全部量好混合，橄榄脂和可可脂要先隔水加热熔化，再与其他液态油脂混合。

Tips 秋冬时，椰子油和棕榈油等固态的油脂须先隔水加热后，再与其他液态油脂混合。

4 用温度计分别测量油脂和碱液的温度，二者皆在35℃以下，且温差在10℃之内，即可混合。

C 打皂

5 将步骤2完成的碱液边搅拌边倒入步骤3的油脂中，顺便检查是否还有未溶解的氢氧化钠。

6 持续搅拌约25分钟，直到皂液看起来像美奶滋状（在皂液表面画“8”字形可看见字体痕迹）。

7 将复方精油倒入皂液中，再持续搅拌300下。

D 入模

8 用分层的方式先倒一层约330g的皂液，轻敲摇平后再放入手边多余的皂边做装饰，以上动作重复3次即完成。

Tips 乳皂不需保温，因为本身有乳脂肪，皂化温度会比水做的皂化温度高，冬天可以盖上一层保鲜膜，防止皂粉出现。

E 脱模

9 大部分的手工皂隔天就会成形，不过油品不同会影响脱模的时间，建议放置3～7天再脱模。

10 脱模后，置于阴凉处晾皂，4～6周后再使用。（使用前可用试纸测试pH值，若在9以下代表已皂化完全，可以使用了。）

娜娜妈小教室

冬日修护霜

许多人到了冬天，肌肤就会变得又干又痒，这一款冬日修护霜具有深度滋润的效果，陪你度过冷冷寒冬，也很适合在干燥冷气房里当护手霜使用喔！

◆材料（成品约50g）

芦荟油10g、澳洲胡桃油10g、乳木果油10g、橄榄脂10g、橄榄乳化蜡10g、安息香精油1滴、罗马洋甘菊精油1滴、Miaroma樱花9滴。

◆做法

将全部的材料隔水加热，待油脂全部熔化，降温后，再加入精油拌匀，就可以装入罐子，等待凝固后便可使用。

Tips 工具要用75%的乙醇消毒过后再使用。

◆使用前请做肌肤测试，以免造成不适。

FRESH PATCHOULI

藿香洗发皂

清洁头皮，
刺激毛发生长

藿香一直是娜娜妈心中第一名的皂材！我的湿疹就是靠它才没有再复发！藿香本身就是药草的一种，带有泥土草地的特殊香气，具有消炎抗菌的作用。我在这款皂里添加了新鲜的藿香，如果无法取得，也可以用广藿香粉替代喔！

鳄梨油起泡度稳定、滋润度高，具有深层清洁的效果；苦茶油可以刺激毛发生长，让头发充满光泽。

适合肤质 头皮易痒、发质状况不佳者

使用技法 分层法

INS硬度 169

▲藿香非常容易种植，娜娜妈自己的工作室外就种了一盆，方便入皂使用。

配方

油脂

椰子油 130g
棕榈仁油 200g
苦茶油 100g
鳄梨油 100g
澳洲胡桃油 100g
蓖麻油 70g

碱液

氢氧化钠 104g
纯水 200g

复方精油

真正薰衣草 10g（约200滴）
绿薄荷 0.4g（约8滴）
胡椒薄荷 1g（约20滴）
西伯利亚冷杉 4g（约80滴）
大西洋雪松 2g（约40滴）
Miaroma 柠檬桧木 2.6g（约52滴）

◆复方精油调和好后，请先放置于阴凉干燥处，保存1～2周后再入皂使用。

添加物

皂边（视个人喜好添加）
新鲜藿香 50g（视个人喜好添加）

◆以上材料约可做10块100g的手工皂，如左页图大小。

做法STEP BY STEP

A 制冰

1 将藿香洗净，与200g的纯水混合用电动搅拌器打成泥，再制成藿香冰块备用。

2 将步骤1的藿香冰块置于不锈钢锅中，再将104g的氢氧化钠分3～4次倒入（每次约间隔30秒）。同时必须快速搅拌，让氢氧化钠完全溶解。

B 熔油

3 将配方中的油脂全部量好混合备用。

Tips 秋冬时，椰子油和棕榈油等固态的油脂须先隔水加热后，再与其他液态油脂混合。

4 用温度计分别测量油脂和碱液的温度，二者皆在35℃以下，且温差在10℃之内，即可混合。

C 打皂

5 将步骤2完成的碱液边搅拌边倒入步骤3的油脂中，顺便检查是否有未溶解的氢氧化钠。

6 持续搅拌约25分钟，直到皂液看起来像美奶滋状（在皂液表面画“8”字形可看见字体痕迹）。

7 将复方精油倒入皂液中，再持续搅拌300下。

D 刨丝

8 将皂边刨丝备用。

E 入模

9 先倒入一层约500g的皂液，轻敲摇平后放入皂丝，稍微搅拌，让皂丝和皂液充分融合在一起，以免产生气孔。再将剩下的500g藿香皂液倒入，轻敲铺平即完成。

10 将手工皂放入保丽龙箱，保温1～3天。

F 脱模

11 大部分的手工皂隔天就会成形，不过油品不同会影响脱模的时间，建议放置3～7天脱模。

12 脱模后，置于阴凉处晾皂，4～6周后再使用。（使用前可用试纸测试pH值，若在9以下代表已皂化完全，可以使用了。）

娜娜妈小教室

洋甘菊止痒膏

洋甘菊浸泡油有很好的镇定与安抚效果；苦楝油有杀菌的功能；乳木果油有修护、保湿的效果。

◆材料

洋甘菊浸泡油5g、苦楝油5g、乳木果油5g、橄榄乳化蜡2g。

◆做法

将全部的材料隔水加热，待油脂全部熔化、降温后，就可以装入罐子，等待凝固后便可使用。

Tips 工具要用75%的乙醇消毒过后再使用。

◆使用前请做肌肤测试，以免造成不适。

LUFFA WATER

★入门款

丝瓜络去角质皂

去除角质，柔嫩肌肤

适合肤质　角质粗厚者

使用技法　填充法／分层法

INS硬度　142

丝瓜的功能及益处很多，不但能入菜，制成丝瓜水还是天然保养品，丝瓜络还可以用来清洁。

这款皂我用丝瓜水取代纯水来溶碱。丝瓜水又有“美人水”之称，可以除皱美白，还能让肌肤充满弹性，也可以拿来当作一般化妆水使用。

将丝瓜络一同入皂，可以达到深层去角质的效果。入模时有两种做法，一种是将丝瓜络当模具，把皂液直接倒入其中；另一种则是将丝瓜络当作分层的材料，两种方式做出来的皂都很特别，也很好用喔！

▲将丝瓜络当作分层材料，做出来的皂也很漂亮喔。

配方

油脂

椰子油 150g
棕榈油 150g
初榨橄榄油 100g
米糠油 100g
乳木果油 100g
蓖麻油 100g

碱液

氢氧化钠 102g
丝瓜水 245g

复方精油

真正薰衣草 14g（约280滴）
安息香 4g（约80滴）
胡椒薄荷 2g（约40滴）
◆复方精油调和好后，请先放置于阴凉干燥处，保存1～2周后再入皂使用。

添加物

丝瓜络

做法STEP BY STEP

A 制冰

1　将245g的丝瓜水制成冰块备用。

2　将步骤1的丝瓜水冰块置于不锈钢锅中，再将102g的氢氧化钠分3～4次倒入（每次约间隔30秒）。同时必须快速搅拌，让氢氧化钠完全溶解。

B 熔油

3　将配方中的油脂全部量好，将乳木果油放入不锈钢锅中隔水加热，熔化后加入其他软油，让油脂充分混合。

Tips 秋冬时，椰子油和棕榈油等固态的油脂须先隔水加热后，再与其他液态油脂混合。

4　用温度计分别测量油脂和碱液的温度，二者皆在35℃以下，且温差在10℃之内，即可混合。

C 打皂

5　将步骤2完成的碱液边搅拌边倒入步骤3的油脂中，顺便检查是否还有未溶解的氢氧化钠。

6　持续搅拌约20分钟，直到皂液看起来像美奶滋状（在皂液表面画“8”字形可看见字体痕迹）。

7　将复方精油倒入皂液中，再持续搅拌300下。

D 入模 填充法

8 准备数个12cm长的丝瓜络、保鲜膜和胶带。先用保鲜膜从丝瓜络底部沿着四周包紧后用胶带固定，建议包覆两层，这样不易破损。

Tips 买回来的丝瓜络请先清洗晒干后再使用。

9 先将皂液倒入量杯，再倒入丝瓜络，避免溢出，全部倒完后再轻敲丝瓜络，让皂液充分填满空隙。

E 入模 分层法

10 先倒入一层约500g的皂液，将皂液轻敲摇平后，放入拉长的丝瓜络，再将剩下的500g皂液倒入即完成。

F 脱模

11 大部分的手工皂隔天就会成形，不过油品不同会影响脱模的时间，建议放置3～7天再脱模。

12 脱模后，置于阴凉处晾皂，4～6周后再使用。（使用前可用试纸测试pH值，若在9以下代表已皂化，可以使用了。）

WOOL FELT

羊毛毡去角质皂

色彩缤纷，泡泡绵密

适合肤质 **角质粗厚者**

使用技法 **羊毛毡包覆法**

制作时间 **20分钟**

▲利用羊毛毡包覆手工皂，让色彩造型更缤纷！

因为做皂，娜娜妈认识了其他不同手作领域的好朋友，交流之中教学相长，做手工皂也有了更多灵感和花样。

这款皂便是因为认识羊毛毡达人小鱼老师而得到启发的。用羊毛毡包覆皂，能让色彩、造型更丰富、独特，深受大朋友及小朋友喜欢，家里摆上这样的手工皂，小朋友应该不用妈妈提醒，自己就会勤洗手了吧！

包覆羊毛毡的皂除了造型美观之外，还具有去角质和易起泡的作用，很适合用于洗澡。只要加上一点巧思，就能让手工皂完全变身，快跟着小鱼老师一起动手做做看吧！

示范达人

羊毛毡手作达人——小鱼老师

热爱手作，对各式创意手作狂恋到无可救药的一尾小鱼。

利用羊毛毡、布作、橡皮章、银饰等各种素材，将它们完美结合，让作品洋溢着满满的幸福感。目前在多个手作教室开班分享，带着大家一起去体验生活中的小情趣。

FB粉丝团：鱼市场https://www.facebook.com/fishplace

博客：http://fishmarket2010.pixnet.net/blog

做法STEP BY STEP

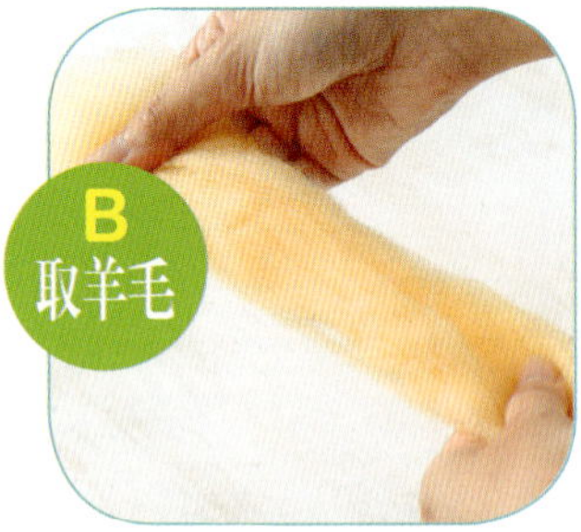

1 准备好热水、短丝袜、盛水托盘、手工皂、各色羊毛等。

2 将羊毛拉长延展，整理成长条片状，几种不同颜色的羊毛毡各取大约可以横向包覆住手工皂一周的长度。

3 先用黄色的羊毛将整块皂横向包覆一周，再加上其他不同颜色，包覆时注意要将周边拉紧，避免松脱。

4 将包覆好的羊毛皂放进短丝袜里，再将丝袜绑紧打结，帮助固定好羊毛。

5 在羊毛皂上淋上热水，将皂完全打湿。

6 用双手手掌心施力搓揉羊毛皂，让羊毛毡化紧缩（羊毛遇热水会紧缩），与手工皂完全结合，必须毡化到用食指及拇指的指尖拉成品时，伸展部分的长度不会超过0.5cm。

E
完成

7 将完成的羊毛毡皂从丝袜中取出后，再置于通风良好处阴干就完成了！

最想知道的手工皂知识Q&A

Q 做皂一定要用纯水吗?

A 做皂时水的干净程度很重要，如果水中有过多杂质，会让皂提前酸败，所以一定要使用煮过的开水或是过滤后的纯水。注意不能使用矿泉水，因为水中的矿物质会影响皂完成后的起泡度，清洁效果不佳。如果水质较硬，用皂时也不易起泡，而且也容易有皂垢出现。

Q 手工皂制作时容易出现什么问题?

A 下面是大家在制作手工皂时，最常出现的五种失误情况：

有皂粉： 通常发生在皂的表面，是由于温差造成的，不影响使用。乳皂建议在冬天时用保鲜膜覆盖，防止皂粉产生。

易碎： 可能是搅拌不均匀导致皂化不完全，造成肥皂一切就碎（碱量过度肥皂太硬的话，肥皂也会一切就碎）。

◀ 碱量过度的肥皂太硬，就容易破碎。

酸败： 高温或潮湿容易造成手工皂酸败，酸败的皂会出现异味或是起黄斑，同时摸起来会黏黏滑滑的，液体皂也很容易发生这种情况。

◀ 固体皂酸败起黄斑，液体皂酸败会变成流动状，有异味。

果冻状： 由于皂化的温度比较高，热气在底部不易散开而形成果冻现象。有果冻现象的皂通常偏软，但皂化很完整，所以洗感更加温润。

发霉： 气候潮湿的地方，如果在皂上面添加花草装饰，就容易发霉。

Q 如何切出漂亮的手工皂?

A 手工皂做好不要立即切，要放置几天等晾干后再切才会好下刀（只有海盐皂和家事皂必须4小时脱模）。切皂时可以用尺辅助，先画好记号再下刀，就能切出漂亮、大小一致的皂。

建议选用涂有钨钢外层的刀具，切皂时不易黏着，刀面要选择跟皂体高度差不多的，容易施力。

Q 手工皂里还有残碱怎么办?

A 氢氧化钠没有完全溶解，建议用再制法重制，不可使用有氢氧化钠的手工皂。方法是将手工皂切小块用电锅蒸到软，可以加10%～20%的水帮助软化，再将其重新入模。

Q 手工皂过于软烂怎么办?

A 手工皂有时会过于软烂，使用起来相当不便，但是其实软烂的部分都是甘油成分，直接丢弃相当可惜。可以将手工皂切半，两块轮流使用，就能避免皂体长时间潮湿软烂。

Q 为什么做完的肥皂不能马上使用?

A 因为刚做好的皂还有一些氢氧化钠尚未作用完毕，所以需要至少一个月的时间，让皂完成皂化反应。一个月以后，当手工皂的pH值下降到8～9就可以使用。若不是急用的话，建议将手工皂放久些，越久会越温和，洗感越好！

Q 手工皂一定要保温吗?

A 冷制皂建议都要保温，利用温度可以让皂化过程更完整，乳皂则不需要保温。

Q 皂上为什么会浮一层油?

A 油脂和碱液在混合时如果没有搅拌均匀，就会导致做出来的皂油水分离，建议用再制法重制。要避免这个情况，建议一定要在打皂时，将皂液打到可以画“8”字形的状态，让手工皂皂化更完整。

Part 4 家事皂&环保蜡烛

安心使用，不用担心化学残留

每天做家事，双手不知不觉变得好粗糙，
天然的清洁皂温和不伤手，
洗衣、洗碗都好放心！

MASHED POTATO

马铃薯去污皂

吸附脏污，彻底洗净

适合用途　清洗衣服脏污、厨房油垢

使用技法　皂章装饰

INS硬度　229

什么！马铃薯也可以入皂？马铃薯里淀粉含量高，对于吸附油脂、脏污有很棒的效果！这款皂我将马铃薯带皮洗净打成泥，加入家事皂里，清洁效果一级棒，使用过的朋友们都大力称赞呢！

衣服的领口、袖口总是特别脏，难以清洗。用这款马铃薯去污皂涂抹在脏污处，再轻轻洗去，若是陈年污垢，涂抹后先静置1~2小时效果更好。也可以用于清洁厨房里的烟机灶具，涂抹后再用抹布等清除，厨房立即焕然一新！

使用前

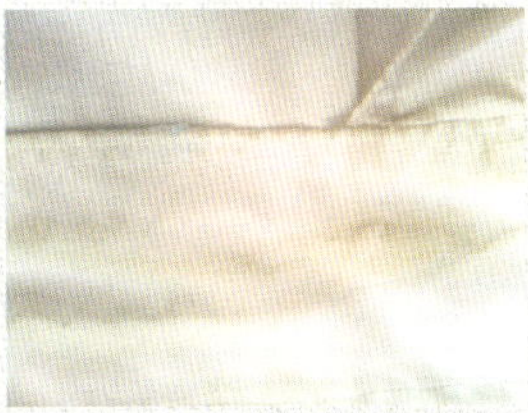

使用后

▲马铃薯去污皂可以有效去除领口、袖口的脏污，因为有淀粉的关系，洗过的衣服会像过浆一样硬挺喔！

配方

油脂

椰子油 600g
芥花籽油 100g

复方精油

蓝胶尤佳利 7g（约140滴）
茶树 3g（约60滴）

碱液

氢氧化钠 127g
纯水（制冰用）205g
纯水 100g

添加物

马铃薯泥 230g

◆以上材料约可做10块100g的手工皂，如左页图大小。

皂友分享

以前我刷浴缸时都要忍受呛鼻的化学清洁剂。马铃薯去污皂不但能轻松去除脏污，而且又不伤手又环保，从此不用担心吸入刺激的化学气味。

Buty Su

做法STEP BY STEP

A 制冰

1　将205g的纯水制成冰块备用。

2　将步骤1的纯水冰块置于不锈钢锅中，再将127g的氢氧化钠分3～4次倒入（每次约间隔30秒），同时必须快速搅拌，让氢氧化钠完全溶解。

B 熔油

3　将配方中的油脂全部量好混合备用。

Tips 秋冬时，椰子油为固态油脂，须先隔水加热后，再与其他液态油脂混合。

4　用温度计分别测量油脂和碱液的温度，二者皆在35℃以下，且温差在10℃之内，即可混合。

C 制泥

5　将230g的马铃薯洗干净切小块，与100g的纯水混合用电动搅拌器打成马铃薯泥。

6 将步骤2完成的碱液边搅拌边倒入步骤3的油脂中，顺便检查是否还有未溶解的氢氧化钠。

7 将复方精油倒入皂液中，再持续搅拌300下。

8 持续搅拌约20分钟，再将马铃薯泥倒入搅拌，直到皂液变得浓稠，看起来像美奶滋状（在皂液表面画“8”字形可看见字体痕迹）。

D 打皂

E 入模

9 将皂液倒入模具。

10 这款手工皂椰子油的比例高，肥皂会较硬，大约4小时就可以脱模。虽然家事皂很快可以脱模，但仍建议放置一个月后再使用。（使用前可用试纸测试pH值，若在9以下代表已皂化，可以使用了。）

Tips 如要盖皂章，脱模后就要马上进行，不然会盖不下去喔！

娜娜妈小教室

盖皂章的小技巧

很多人在盖皂章时，往往无法压出完美的形状，只要掌握以下小技巧，盖出漂亮的形状一点都不难喔！

1 利用手掌心的力量往下按压，千万不要只用手指的力量，以免受力不均。

2 按压皂章时，感觉到皂章往下陷并贴紧皂面后，再轻轻地上下摇一摇再拔起，切记不要猛然直接将皂章拔起来，以免把皂也一起拉上来，破坏皂的美观。

3 海盐皂和家事皂的配方，做好4小时就需进行脱模并盖皂章，置放太久皂就会变得太硬而不好盖。

ORANGE OIL

橘油家事皂

清洁力强，驱虫效果佳

适合用途 清洁衣物或碗盘

使用技法 运用皂边

INS硬度 250

橘油是近年来很热门的清洁成分，清洁力强，是纯天然的去污剂。所以在这款家事皂里我加入了橘油，不仅清洁效果更佳，更具有天然抑菌与防螨驱虫的效果，在使用时还会散发出天然的柑橘香味，用于清洁碗盘或衣物，都有很棒的效果！

在这款皂里，我加入了多余的皂边来丰富家事皂的造型，也可以加入一些丝瓜络，使用起来会更方便呢！

▲用橘油家事皂清洁碗盘有很棒的效果。

配方

油脂

椰子油 650g
棕榈油 50g

碱液

氢氧化钠 131g
纯水 300g

添加物

橘油 35g
皂边（视个人喜好添加）

◆以上材料约可做10块100g的手工皂，如左页图大小。

做法STEP BY STEP

A 制冰

1　将300g的纯水制成冰块备用。

2　将步骤1的纯水冰块置于不锈钢锅中，再将131g的氢氧化钠分3～4次倒入（每次约间隔30秒），同时必须快速搅拌，让氢氧化钠完全溶解。

B 熔油

3　将配方中的油脂全部量好混合备用。

Tips 秋冬时，椰子油和棕榈油等固态的油脂须先隔水加热后，再与其他液态油脂混合。

4　用温度计分别测量油脂和碱液的温度，二者皆在35℃以下，且温差在10℃之内，即可混合。

C 打皂

5　先将碱液过筛，检查是否还有未溶解的氢氧化钠，再与油脂混合。

6　持续搅拌约25分钟，再将35g橘油倒入皂液中，直到皂液变得浓稠，看起来像美奶滋状（在皂液表面画“8”字形可看见字体痕迹）。

D 入模

7 将皂边随意放入模具里，先倒入一半的皂液，让皂液与皂边均匀混合，避免做出来的皂有太多的气泡，再倒入剩下的皂液即可。

E 脱模

8 这款皂椰子油的比例高，会较硬，大约4小时就可以脱模。虽然家事皂很快可以脱模，但仍建议放置一个月后再使用。（使用前可用试纸测试pH值，若在9以下代表已皂化完全，可以使用了。）

Tips 如要盖皂章，脱模后就要马上进行，不然会盖不下去喔！

娜娜妈小教室

自制皂台，让皂干净不粘手

手工皂置于潮湿的环境，会容易变得黏稠粘手。其实要避免这种情形很简单，我们可以利用饮料瓶制作成皂台，将肥皂上多余的水分排出，就能让皂保持干爽，是省钱又环保的好方法。盛接的肥皂水还可以装进喷壶里，当作对付蟑螂的武器，是不是一举两得的好方法呢！

◆ 材料

剪刀、洗干净的饮料瓶1个（瓶盖先拿掉）、有可爱图案的胶带。

◆ 做法

用剪刀将饮料瓶剪下1/3，再将瓶口倒扣放在饮料瓶底座上即可，如果想要美化饮料瓶皂台，可以用可爱的胶带来装饰喔！

Tips 饮料瓶剪好后可以用打火机火烤一下剪口，以免刮伤手。

TEA SEED

茶树籽洗碗皂

冲洗容易，天然环保

适合用途 清洗碗盘油污

使用技法 运用皂边

INS硬度 258

茶树籽是老一辈的人都知道的天然清洁用品，具有去油腻的特性，而且温和不伤皮肤，常常用于洗碗、洗澡等。运用老祖宗的智慧，将茶树籽粉入皂，让清洁这件事回到最初、最原始的方式，深深体会到天然的最好！

这款皂的清洁力佳，又具有杀菌功效，用来清洗餐具，去油效果很好，而且容易冲洗，不必担心化学残留和污染环境，又不伤手。

添加茶树籽粉后皂液会变成深褐色，想要让皂多点变化的话，可以添加各色的皂边，让家事皂也能拥有美丽的造型，在做家事的同时，享受到多一点的乐趣！

配方

油脂

椰子油 700g

碱液

氢氧化钠 133g
纯水 320g

复方精油

蓝胶尤加利 4g（约80滴）
山鸡椒 3g（约60滴）
柠檬 3g（约60滴）

添加物

皂边（视个人喜好添加）
茶树籽粉 14g

◆以上材料约可做10块100g的手工皂，如左页图大小。

做法STEP BY STEP

A 制冰

1 将320g的纯水制作成冰块备用。

2 将步骤1的纯水冰块置于不锈钢锅中，再将133g的氢氧化钠分3～4次倒入（每次约间隔30秒），同时必须快速搅拌，让氢氧化钠完全溶解。

B 熔油

3 将配方中的油脂全部量好混合备用。

Tips 秋冬时，椰子油须先隔水加热后，再与其他液态油脂混合。

4 用温度计分别测量油脂和碱液的温度，二者皆在35℃以下，且温差在10℃之内，即可混合。

C 打皂

5 将步骤2完成的碱液边搅拌边倒入步骤3的油脂中，顺便检查是否还有未溶解的氢氧化钠。

6 持续搅拌约20分钟，再将茶树籽粉过筛倒入皂液，直到皂液变得浓稠，看起来像美奶滋状（在皂液表面画“8”字形可看见字体痕迹）。

7 将复方精油倒入皂液中，再持续搅拌300下。

D 入模

8 将皂边随意放入模具里，先倒入一半的皂液，让皂液与皂边均匀混合，避免做出来的皂有太多的气泡，再倒入剩下的皂液即可。

E
脱模

9 这款皂椰子油的比例高，肥皂会较硬，大约4小时就可以脱模。虽然家事皂很快可以脱模，但仍建议放置一个月后再使用。（使用前可用试纸测试pH值，若在9以下代表已皂化，可以使用了。）

Tips 如要盖皂章，脱模后就要马上进行，不然会盖不下去喔！

娜娜妈
小教室

茶树籽皂的使用分享

皂友分享❶：拒绝化学洗剂，天然好放心！

以前总是很担心用一般的清洁剂清洗小宝宝的贴身衣物会有化学残留物，后来收到娜娜妈的茶树籽家事皂后，立刻试用看看，没想到可以不费力地将累积很久的顽固脏污去除，清洗过后，洁净如新，最重要的是不用担心会有不好的化学残留物。在此推荐给爸爸妈妈们！

张纯绮

皂友分享❷：去除油污，效果一级棒！

收到娜娜妈的茶树籽家事皂后，立刻就拿给妈妈试用，原本妈妈还怀疑用肥皂洗碗的效果，没想到一用之后就爱上了！妈妈说茶树籽皂不仅去除油污的效果很好，洗完碗之后，手也不会觉得干喔！

陈小弟

皂友分享❸：泡沫细柔，散发天然香气

早就听说茶树籽皂的功力了，我将茶树籽皂取代冷洗精（一种清洗精致衣物、贴身衣物的洗衣液——编者注）清洗贴身衣物。使用后才发现，天然手工皂真的很不一样，一般冷洗精的味道虽然很香，但却是化学添加物散发出来的味道，手工皂没有过多的人工香味，却一样能洗净衣物，泡沫也很温和，只要亲身体验过，就会不由自主地想跟身边的人推荐呢！

小怡

SOY CANDLE

自制环保大豆蜡烛

天然无毒，真正放心！

很多人喜欢在家点上熏香蜡烛，享受淡淡烛光与微微芳香带来的放松感。不过一般的蜡烛是由石化蜡所制成，燃烧时会产生有害物质，吹熄后还会冒出黑烟，散发出一股很重的蜡味，会对人体造成伤害。

如果想要安心享受蜡烛带来的好处，最好还是自己动手做，选择天然无毒的环保大豆蜡烛，不但制作方法简单、成本便宜，使用起来也更为放心。

安神助眠蜡烛

放松心情，舒缓情绪

VALERIAN

适合用途　**睡前放松，也可当护手霜使用**

保存期限　12个月

制作难度　★★★☆☆

缬草是一种香草植物，有缓解失眠、放松身心的效果，所以在这一款蜡烛里，我加入了缬草精油，有失眠或睡眠不好的人，不妨在睡前点上这款蜡烛，来放松心情，安抚情绪！

这款蜡烛加入了乳木果油，具有很好的滋润保湿力，也可以在手上涂抹一点蜡液，当作护手霜使用。

配方

蜡烛成分

环保大豆蜡（硬）50g
环保大豆蜡（软）30g
精制乳木果油 20g

复方精油

Miaroma绿檀 6g（120滴）
缬草 3g（60滴）

做法 STEP BY STEP

A 准备

1　将烛芯摆到杯底测量高度，烛芯要比杯沿高约1～1.5cm，再将多余的烛芯剪掉。

B 称量

2　将软、硬环保大豆蜡和乳木果油分别称量好备用。

3 将烛芯用热熔胶固定于容器底部，可以用玻璃棒辅助按压固定。

4 将软、硬环保大豆蜡和乳木果油隔水加热到60℃，使其融合。

5 等到蜡液降温到55℃后，加入复方精油，再搅拌均匀。

6 将融合好的蜡液倒入容器中，等待冷却凝固后就可以使用了！

娜娜妈
小教室

自制蜡烛包装

觉得玻璃容器过于单调吗？利用漂亮衬纸，加上透明包装纸包覆瓶身，就可以让平凡的玻璃瓶变成高雅精致的容器，大家一起试试看吧！

室内清新蜡烛

迷人香氛，静心安神

LITSEA CUBEBA

适合用途　室内香熏

保存期限　12个月

制作难度　★★☆☆☆

连日下雨或是空气过于潮湿，容易产生令人不舒服的霉味，想要去除室内不好的味道吗？我们可以用环保大豆蜡添加几款具有清新气味的精油，做成室内香熏蜡烛，赶走难闻气味，让室内充满舒服的香味，心情也会变好喔！

配方

蜡烛成分

环保大豆蜡（硬）65g
环保大豆蜡（软）35g

复方精油

马鞭草 5g（约100滴）
山鸡椒 3g（约60滴）
胡椒薄荷 2g（约40滴）

做法 STEP BY STEP

A 准备

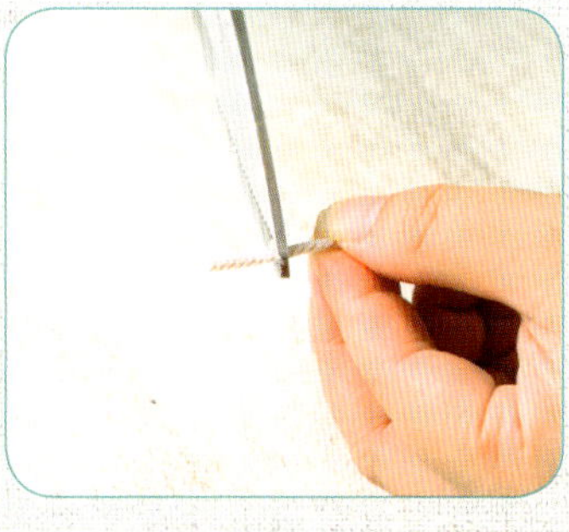

1　将烛芯摆到杯底测量高度，烛芯要比杯沿高1～1.5cm，再将多余的烛芯剪掉。

2 将软、硬环保大豆蜡分别称量好备用。

3 将烛芯用热熔胶固定于容器底部，可以用玻璃棒辅助按压固定。

4 将软、硬环保大豆蜡隔水加热到60℃，使其融合。

5 等到蜡液降温到55℃后，加入精油，再搅拌均匀。

6 将融合好的蜡液倒进粘好烛芯的容器中，等待冷却凝固后就可以使用了！

天然防蚊蜡烛

天然无毒，有效防蚊

ANTI MOSQUITOES

适合用途　防止蚊虫

保存期限　12个月

制作难度　★★☆☆☆

每到夏天蚊虫总是特别多，除了点蚊香或用捕蚊灯以外，还有更天然安心的选择！将环保大豆蜡中加入草本防蚊精油，就能做成天然的防蚊蜡烛，若不小心被蚊虫叮咬，还可以先涂少许的蜡液舒缓皮肤的瘙痒症状。只要简单的材料和步骤就可以完成，一起来试试看吧！

配方

蜡烛成分

环保大豆蜡（硬）60g
环保大豆蜡（软）40g

复方精油

草本防蚊精油 15g

◆精油添加的比例可视熏香空间的大小自行调整，$1m^2$添加0.3～1 g，可视自己喜欢的香味浓度增减。

做法 STEP BY STEP

1　将烛芯摆到杯底测量高度，烛芯要比杯沿高1～1.5cm，再将多余的烛芯剪掉。

2　将软、硬环保大豆蜡分别称量好备用。

3 将烛芯用热熔胶固定于容器底部，可以用玻璃棒辅助按压固定。

4 将软、硬环保大豆蜡隔水加热到60℃，使其融合在一起。

5 等到蜡液降温到55℃后，加入精油，再搅拌均匀。

6 将融合好的蜡液倒入容器中，等待冷却凝固后就可以使用了！

娜娜妈小教室

自制蜡烛包装

利用各色纸胶带的搭配，让透明的玻璃杯可以随心所欲变化成独一无二的容器，自己动手做，每个人都能发挥创意巧思！

圣诞节庆蜂蜡

营造圣诞节的气氛

BEESWAX

适合用途 **造型特别，适合作为装饰性摆设，营造过节气氛**

保存期限 **12个月**

制作难度 ★★☆☆☆

听说国外过圣诞节前要做的事情之一，就是自己制作蜂蜡蜡烛！这一款用蜂蜡卷制而成的蜡烛，制作非常简单，很适合父母与孩子一起动手完成。成品相当具有高档感，不论是作为圣诞礼物送人，还是放在家中当作摆设，都是很好的选择！

◀ 简单绑上绳子，就能让蜂蜡造型更独特喔！

做法
STEP BY STEP

1 准备剪刀、烛芯、蜂蜡片、精油（依个人喜好选择）。

2 将烛芯摆放在蜂蜡片边缘上，用蜂蜡片包卷住烛芯，并且用手稍微按压使其固定。

3　将蜂蜡片往前卷2～3卷。

4　滴入自己喜欢的精油，5～10滴即可。

5　将蜂蜡片继续轻推卷起，加入精油过后的蜂蜡片容易裂开 ，需小心轻推。卷完后拿剪刀将多余的烛芯剪掉。

6　用手压紧接缝，将蜡烛固定形状，避免蜡烛散开即完成。

Tips　精油不宜添加过多，以免造成蜂蜡片太湿而裂开。

娜娜妈小教室

熏香扩香竹

熏香有很多种方式，有喷雾式的，也有扩香石、扩香竹。扩香竹是利用芦苇草的空隙吸附精油来达到扩香的效果，因为不需插电所以很环保。一瓶100mL的熏香扩香竹可以使用1～2个月，放在卧室或是厕所都能带来芬芳的香气喔！

◆材料（成品约100mL）

熏香基底95g、芦苇草6枝。

◆复方精油

胡椒薄荷12滴、山鸡椒40滴、迷迭香40滴、马鞭草308滴。

◆做法

全部材料装瓶，混合均匀后插入芦苇草即完成。

Tips 熏香基底可用75％的药用乙醇代替，但是成品会有较重的乙醇味，会影响气味表现，颜色也会变浊。

Tips 请用纯精油，不要使用香精制作。

散发香气的月光宝盒

找一个漂亮的盒子，放入一些棉花球或化妆棉，再滴上精油，就能让室内散发香气，还可作为一个很好的装饰品呢！

自制环保大豆蜡烛Q&A

Q 用不完的蜡烛如何处理?

A 利用再制法，将剩余的蜡烛集中隔水加热至熔化，再摆放烛芯、倒入烛液到容器即可。

Q 制作后的工具材料如何清洗?

A 沾到烛液材料的工具可以先用热水烫过，让蜡烛稍微熔化后，再用热水加上手工皂清洗即可。

Q 自制蜡烛的容器要如何选择?

A 建议用较厚的玻璃罐或马克杯。容器的瓶口不能太窄，以免不易点燃；避免马口铁材质，以免被高温烫伤。

Q 为什么要使用精制后的油?

A 未精制的油品本身具有独特的味道，会影响精油的味道，所以尽量使用精制后的油，才不会影响精油的香气。

Q 环保大豆蜡有什么优点?

A 环保大豆蜡的好处多多，也是近年来香氛迷爱用的材料，优点如下：

❶ 环保又安全

石蜡是石化产物，燃烧时会产生有毒气体，环保大豆蜡则可以完全燃烧，不会污染空气，所以也不会对人体呼吸道造成危害。

❷ 可当护手霜

大豆蜡本身拥有很好的滋润保湿效果，加上蜡液本身温度不高（38～43℃），可以直接拿来当天然的护手霜使用。娜娜妈通常会再添加乳木果油，滋润效果更棒！

❸ 燃烧时间长

大豆蜡的燃烧时间大约比一般石蜡长30%。

❹ 除臭效果佳

点上环保大豆蜡烛，可以帮助去除屋内烟味、霉味等不好闻的味道。

Part 5 天然液体皂

挤压方便，使用更顺手

液体皂皂化快，只要将皂团稀释，滴上精油，
就能做成洗发精、洗衣液、卸妆液等等，
让全家人用着更安心、皮肤更健康！

自制液体皂配方

液体皂的黄金三要素是油脂、水分、氢氧化钾。和固体皂一样，因为油脂不同，必须计算油脂、氢氧化钾、水的比例，但和固体皂不同的是，液体皂不用计算INS硬度。首先，我们必须知道每一种油脂的皂化值，大家要注意，使用氢氧化钠跟使用氢氧化钾时各类油脂的皂化值是不一样的喔！

氢氧化钾用量的计算方法

油脂种类	皂化值（氢氧化钾）	油脂种类	皂化值（氢氧化钾）
椰子油	0.266	榛果油	0.1898
澳洲胡桃油	0.1946	杏仁油	0.189
米糠油	0.1792	橄榄油	0.1876
鳄梨油	0.1862	葵花油	0.1876
苦茶油	0.191	开心果油	0.1863
苦楝油	0.195	芝麻油	0.1862
蓖麻油	0.18	芥花籽油	0.1856
棕榈仁油	0.2184	小麦胚芽油	0.1834
玫瑰果油	0.193	棕榈油	0.1974
山茶花油	0.191	乳木果油	0.1792
可可脂	0.1918	葡萄籽油	0.1771
甜杏仁油	0.1904	荷荷芭油	0.0966
月见草油	0.19		

了解皂化值后，便可开始计算制作液体皂时的氢氧化钾用量，计算公式如下：

氢氧化钾用量＝（A油重×A油脂的皂化值）+（B油重×B油脂的皂化值）+……

我们以白柚卸妆慕丝的配方（见P117）为例，配方中包含椰子油120g、澳洲胡桃油60g、米糠油60g、鳄梨油60g，其氢氧化钾的用量计算如下：

（椰子油 120g×0.266）+（澳洲胡桃油 60g×0.1946）+（米糠油 60g×0.1792）+（鳄梨油 60g×0.1862）＝31.92＋11.676＋10.752＋11.172＝65.52g→四舍五入即为66g。

计算出氢氧化钾的用量之后，便可推算溶解氢氧化钾所需的水量，娜娜妈这次的溶碱水量是以2.5倍计算，即**水量＝氢氧化钾的2.5倍**，这样的配方可以使液体皂缩短皂化时间，皂团1～2天就变成透明状。从上述例子来看，66g的氢氧化钾，溶碱时必须加入165g的水（66g×2.5＝165g）。

娜娜妈小教室

Q：如何判断液体皂是否成功？

A：液体皂刚打完呈现白色或半透明状（看配方），只要皂团变成完全透明，就代表皂化成功，用试纸测试pH值，如果在9以下，就可以稀释装瓶了！如果皂团一直都是白色的，代表可能碱量不够，即使放再久也无法变透明。

Q：制作液体皂时，油碱要如何选择？

A：在选择制作液体皂的油碱时，要避免选择易酸败的油品，像芥花籽油、甜杏仁油、大豆油、葡萄籽油。

乳木果油、可可脂、牛油、猪油、棕榈油等脂类，用于冷制皂中可以增加皂的硬度，但液体皂不需要硬度，反而会因为含有硬脂酸和棕榈酸，容易让液体皂的皂团无法透明，这些油脂也会影响清洁度和皂液的清澈度，因此尽量避免使用。

AVOCADO OIL & POMELO

白柚卸妆慕丝

深层清洁，温和洗净

这款卸妆慕丝使用了营养价值极高的鳄梨油，它具有非常棒的深层清洁效果，同时还能滋润肌肤、消除细纹、保湿抗氧化。

精油选用了白柚精粹，在卸妆的同时，还能闻到淡淡的果香和花香。利用慕丝瓶直接按压就可以挤出绵密的泡泡，温和洗净脸上多余的彩妆。

适合肤质　各种肤质

皂团总重　520～560g

使用方法　慕丝压瓶

▲慕丝瓶可以直接挤出泡泡，方便使用。

配方

油脂

椰子油 120g
澳洲胡桃油 60g
米糠油 60g
鳄梨油 60g

碱液

氢氧化钾 66g
纯水 165g

复方精油

Miaroma白柚精粹 3.5～4g（约80滴）
（视个人喜好添加）

做法STEP BY STEP

A 准备

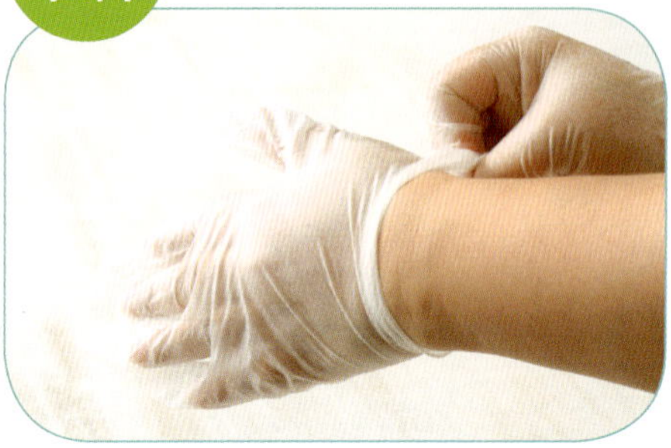

1 在工作台上铺上报纸或是塑料垫，避免弄脏桌面，同时方便清理。戴上手套、护目镜、口罩，系好围裙等防护物。

2 分别称量好油脂、氢氧化钾、水。

B 混合

3 将配方中的油脂混合后，加热到85℃备用。

4 将氢氧化钾分2～3次慢慢倒入装有纯水的量杯中，可用玻璃棒稍微搅拌。

5 等到氢氧化钾完全溶解，且碱液温度维持在70～80℃，即可将碱液倒入步骤3的油脂中混合。

C 打皂

6 用打蛋器均匀且快速地搅拌，约3分钟之后，改用电动搅拌器打至皂团黏稠且难以搅拌。

7 用汤匙继续手动搅拌皂团（需3～15分钟），直到变成无法搅拌的麦芽糖状即可。

D 保温

8 将皂团放在锅里，用保鲜膜封口保温。

9 用毛毯或毛巾包住锅，放入保丽龙箱中保温1天至2周（视配方调整时间）；或直接放到电饭锅里蒸3小时后，再插电保温8小时，隔天再用毛巾包覆保温24小时。

E 测试

10 经过24小时后，皂团变成透明的状态，即代表已经皂化完全。若皂团还是呈现不透明状，请放置于阴凉处2周。

11 等皂团透明后，可以捏一小块放入水中稀释，用试纸测试pH值，如果pH值在9以下，便可稀释成液体皂使用。

F 制作

12 在容器中装好室温水（建议用纯水或是煮开后的水），将皂团捏成小块后置入容器中，静置5～8小时。

Tips 溶解皂团的水量为皂团总重量的2～2.5倍，大约每100g的皂团，需以200～250g的水来稀释。

13 皂团完全溶解后，再加入3.5～4g精油，搅拌均匀后装入慕丝瓶即可使用。

Tips 精油总量不要超过皂团加水总重量的1%，也可自由替换其他喜欢的精油。

ROSEMARY

迷迭香洗发精

清爽去屑，强健发根

适合肤质：头皮易痒、有头皮屑困扰者

皂团总重：520～560g

使用方法：一般压瓶

椰子油的皂化速度快、起泡度高且泡沫细致浓密，是制作液体皂的主要油脂成分。

这款洗发精以去屑为主要功能。迷迭香精油可以有效改善头皮屑，刺激毛发生长，让头发变得更强韧；苦茶油则可以消炎杀菌，对于改善头皮毛囊发炎的效果非常显著，还能让头发保持乌黑亮丽。

很多人刚开始使用自制洗发精时可能会不大习惯，会感到过于干涩，不过使用3～4周就能完全适应，一旦习惯后就会爱上它的清爽洗感喔！

配方

油脂

椰子油 180g
苦茶油 60g
米糠油 60g

碱液

氢氧化钾 70g
纯水 175g

复方精油

弗吉尼亚雪松 1g（约20滴）
迷迭香 1g（约20滴）
真正薰衣草 1g（约20滴）
胡椒薄荷 1g（约20滴）
柠檬 0.7g（约14滴）
岩兰草 0.2g（约4滴）
陈年广藿香 0.1g（约2滴）

◆复方精油调和好后，请先放置于阴凉干燥处，保存1～2周后再入皂使用。

做法STEP BY STEP

A 准备

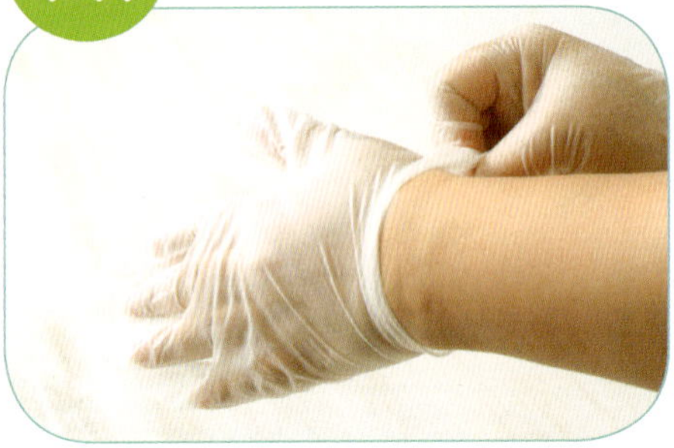

1　在工作台上铺上报纸或塑料垫，避免弄脏桌面，同时方便清理。戴上手套、护目镜、口罩，系好围裙等防护物。

2　依照配方分别称量好油脂、氢氧化钾、水的分量。

B 混合

3　将配方中的油脂混合后，加热到85℃备用。

4　将氢氧化钾分2～3次慢慢倒入装有纯水的量杯中，可用玻璃棒稍稍搅拌。

5　等到氢氧化钾完全溶解，且碱液温度维持在70～80℃，即可将碱液倒入步骤3的油脂中混合。

C 打皂

6　用打蛋器均匀且快速地搅拌，约3分钟之后，改用电动搅拌器打至皂团黏稠且难以搅拌。

7　用汤匙继续手动搅拌皂团（需3～15分钟），直到变成搅不动的麦芽糖状即可。

D 保温

8 将皂团放在锅里，用保鲜膜封口保温。

9 用毛毯或毛巾包着锅，放入保丽龙箱中保温1天到2周（视配方调整时间）；或直接放到电饭锅里蒸3小时后插电保温8小时，隔天再用毛巾包覆保温24小时。

E 测试

10 经过24小时后，皂团变成透明状，代表已经皂化完全。若皂团还是不透明，请在阴凉处放置2周。

11 等皂团透明后，可以捏一小块皂团，放入水中稀释，用试纸测试pH值，如果pH值在9以下，便可稀释成液体皂使用。

F 制作

12 在容器中装好室温水（建议用纯水或煮开后的水），将皂团捏成小块后置入容器中，静置约8小时。

Tips 溶解洗发皂团的水量，为皂团总重量的2倍，大约每100g的皂团，需以200g水来稀释。

13 皂团完全溶解后，加入2.5～5g精油。

Tips 精油总量不要超过皂团加水总重量的1%，也可自行替换其他喜欢的精油。

COCONUT OIL

天然椰子洗洁精

天然配方，安心洗净

适合用途　清洗碗盘

皂团总重　520～560g

使用方法　一般压瓶

市售清洁剂通常会添加化学起泡剂，如果清洁不彻底而残留于碗盘上，久而久之就会影响身体健康。我们用容易起泡且泡沫细致浓密的椰子油，加上具有抗菌效果的蓝胶尤加利精油，制成天然、无化学的洗洁精，相信使用起来会安心许多！

这款液体皂是100%的椰子油皂，刚打好的皂团温度高达90℃左右，经过半小时的皂化温度也还有75℃，务必小心操作，做好安全措施避免受伤。

使用前

使用后

▲难洗的茶垢，用天然的洗洁精清洗，一下子就变得滑溜溜的！

配方

油脂

椰子油 300g

碱液

氢氧化钾 80g
纯水 200g

复方精油

尤加利 2g（约40滴）
柠檬 3g（约60滴）

做法STEP BY STEP

A 准备

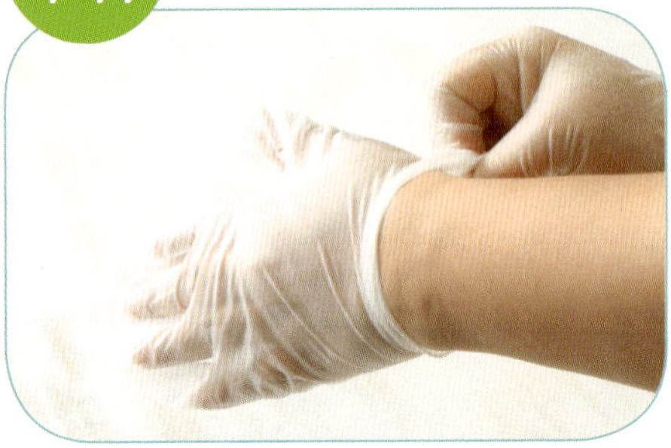

1 在工作台铺上报纸或塑料垫，避免弄脏桌面，同时方便清理。戴上手套、护目镜、口罩，系好围裙等防护物。

2 依照配方分别称量好油脂、氢氧化钾、水的分量。

B 混合

3 将配方中的油脂混合后，加热到85℃备用。

4 将氢氧化钾分2～3次慢慢倒入装有纯水的量杯中，可用玻璃棒稍稍搅拌。

5 等到氢氧化钾完全溶解，且碱液温度维持在70～80℃，即可将碱液倒入步骤3的油脂中混合。

C 打皂

6 用打蛋器均匀且快速地搅拌，约3分钟之后，改用电动搅拌器打至皂团黏稠且难以搅拌。

7 用汤匙继续手动搅拌皂团（需3～15分钟），直到变成搅不动的麦芽糖状即可。

D 保温

8 将皂团放在锅内，用保鲜膜封口。

9 用毛毯或毛巾包住锅，放入保丽龙箱中保温1天到2周（视配方调整时间）；或直接放到电饭锅里蒸3小时后，插电保温8小时，隔天再用毛巾包覆保温24小时。

E 测试

10 经过24小时后，皂团变成透明状，代表已经皂化完全。若皂团还是不透明，请在阴凉处放置2周。

11 等皂团透明后，可以捏一小块皂团，放入水中稀释，用试纸测试pH值，如果pH值在9以下，便可稀释成液体皂使用。

F 制作

12 在容器中装好室温水（建议用纯水或煮开后的水），将皂团捏成小块后置入容器中，静置约8小时。

Tips 溶解家事皂团的水量，为皂团总重量的1～1.5倍，大约每100g的皂团，需以100～150g的水来稀释。

13 皂团完全溶解后，加入5g精油。

Tips 精油总量不要超过皂团加水总重量的1%，也可自由替换其他喜欢的精油。

NEEM OIL

宠物抗菌洗毛剂

消炎止痒，有效驱虫

这款宠物抗菌清洁液里添加了苦楝油，苦楝油里的苦楝素，有相当好的消炎止痒作用，还能有效驱虫；苦茶油则具有养发、护发的效果，常用于洗发皂的制作，对于宠物毛发的养护也很棒！

椰子油是主要的清洁成分，所以长毛狗配方里的椰子油比例会比短毛狗配方高，清洁力也较强，大家可依照宠物情况来选择适合配方！

适合用途　宠物清洁

皂团总重　约500g

使用方法　一般压瓶

►毛发较长的宠物，护发素可用1000g的水加上10g木醋液混合，使用时先淋上再冲洗即可。

配方

■短毛狗专用配方

油脂

椰子油 150g
苦楝油 50g
苦茶油 50g
鳄梨油 50g

碱液

氢氧化钾 69g
纯水 173g

精油

Miaroma 黑香草 10g（约200滴）

■长毛狗专用配方

油脂

椰子油 180g
苦楝油 20g
苦茶油 30g
蓖麻油 30g
橄榄紫草浸泡油 40g

碱液

氢氧化钾 70g
纯水 175g

精油

Miaroma 绿檀 10g（约200滴）

做法STEP BY STEP

A 准备

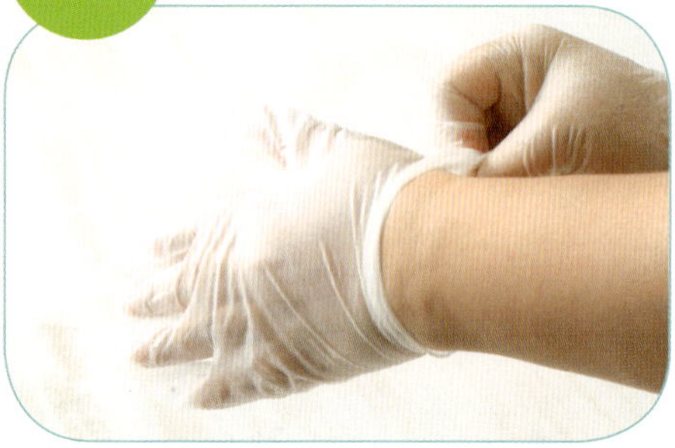

1 在工作台铺上报纸或塑料垫，避免弄脏桌面，同时方便清理。戴上手套、护目镜、口罩，系好围裙等防护物。

2 依照配方分别称量好油脂、氢氧化钾、水的分量。

B 混合

3 将配方中的油脂混合后，加热到85℃备用。

4 将氢氧化钾分2～3次慢慢倒入装有纯水的量杯中，可用玻璃棒稍稍搅拌。

5 等到氢氧化钾完全溶解，且碱液温度维持在70～80℃，即可将碱液倒入步骤3的油脂中混合。

C 打皂

6 用打蛋器均匀且快速地搅拌，约3分钟之后，改用电动搅拌器打至皂团黏稠、难以搅拌。

7 用汤匙继续手动搅拌皂团（需3～15分钟），直到变成搅不动的麦芽糖状即可。

D 保温

8 将皂团放在锅里，并用保鲜膜封口。

9 用毛毯或毛巾包着锅，放入保丽龙箱中保温1天到2周（视配方调整时间）；或直接放到电饭锅里蒸3小时后，插电保温8小时，隔天再用毛巾包覆保温24小时。

E 测试

▲长毛狗用配方皂团

▲短毛狗用配方皂团

10 经过24小时后，皂团变成透明状，代表已经皂化完全。若皂团还是不透明，请在阴凉处放置2周。

11 等皂团透明后，可以捏一小块皂团，放入水中稀释，用试纸测试pH值，如果pH值在9以下，便可稀释成液体皂使用。

F 制作

12 在容器中装好室温水（建议用纯水或煮开后的水，若狗狗有皮肤问题可以将水改为木醋液），将皂团捏成小块后置入容器中，静置5～8小时。

Tips 溶解宠物用皂团的水量，为皂团总重量的1.5～2倍，大约每100g的皂团需以150～200g的水稀释。

13 皂团完全溶解后，加入10g精油。

Tips 建议不要使用易使宠物过敏的精油，大多数的木质精油，如檀香精油、岩兰草精油这类分子较大的精油不易被宠物吸收，所以可以使用在宠物用液体皂中。

白茶玫瑰宠物香氛

天然成分不刺激

想要让狗狗身上香喷喷，可以自制宠物香氛喷洒。不过狗狗的嗅觉敏感，所以使用的材料需要慎选，像茶树、尤加利、丁香、香茅、柑橘等精油，含有宠物无法代谢的成分，应避免使用。我选用Miaroma白茶玫瑰，当中的芳香成分不会刺激宠物，所以可以放心使用。

另外，为了减少乙醇的刺激，我们只用了占总重量20%的乙醇帮助挥发。自己动手做宠物香氛，用起来更安心，狗狗们也可以整天香喷喷喔！

适合用途 **宠物清洁**

皂团总重 **约500g**

使用方法 **一般压瓶**

做法STEP BY STEP

A 准备 精油分散剂5g、Miaroma白茶玫瑰5g、浓度75%的乙醇20g、洋甘菊纯露70g（也可以用纯水替代）。

B 做法

1 将精油分散剂和精油先混合均匀。

2 加入乙醇后再加入纯露或水。

Tips1 请按照步骤添加，香水才不会出现分层。

Tips2 如果加入过量的精油分散剂，做出来的宠物香水会有黏腻的感觉。

娜娜妈
小教室

宠物抗蚤喷雾

这款宠物抗蚤喷雾里的木醋液具有杀菌效果；洋甘菊可以舒缓皮肤不适；真正薰衣草则有修护的功效，所以喷在宠物身上有保护作用，避免跳蚤寄生。

◆使用前请做肌肤测试，以免造成不适。

◆材料（成品100mL）

洋甘菊纯露30g、真正薰衣草纯露30g、木醋液30g、波旁天竺葵精油10滴、真正薰衣草精油10滴。

◆做法

全部材料倒入瓶中，混合均匀即可。

◆使用方法

使用时请避开宠物的耳鼻，避免刺激。

宠物万用膏

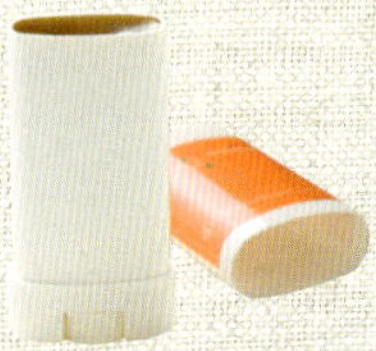

宠物过多使用含有化学添加物的产品，容易导致皮肤发炎，产生皮肤病。宠物如果有瘙痒症状，可以擦这一款万用膏来舒缓不适症状，但舒缓过后还是要带它们看医生喔！

◆材料（成品25g）

苦楝油10g、鳄梨油10g、橄榄乳化蜡5g（也可用蜜蜡替代）、罗马洋甘菊精油1滴、真正薰衣草精油6滴、波旁天竺葵精油3滴、广藿香精油1滴。

◆做法

将全部材料隔水加热，降温后加入精油混合均匀就可以装瓶，等待凝固后就可以使用啰！

◆使用前请做肌肤测试，以免造成不适。

◆ 使用精油制作宠物用品的注意事项

1 体型越小或患有糖尿病、癫痫、神经系统疾病以及代谢异常的宠物请以纯露代替精油，并以真正薰衣草、罗马洋甘菊纯露为佳，避开肉桂（酚类）纯露。

2 萜烯含量高的柑橘类、松针类精油，猫咪无法进行代谢；茶树、香茅，误食会造成中毒，都需避免使用！

3 如果精油使用比例太高（安全剂量需控制在1%，宠物体型越小剂量越少），或在密闭空间使用，容易造成宠物中毒，需小心避免！

4 体型越小的宠物，精油添加的比例应越低。

Part 6 可爱造型皂

大人、小孩都爱用的甜蜜皂款

简单揉捏就能成形的棉花糖皂，
像奶油一样可以挤出百变花样的冰淇淋皂，
以下介绍的都是适合亲子一起做的甜蜜皂款，
快来创造属于自己的皂形吧！

COTTON CANDY

棉花糖皂，捏出多变皂形

简单好操作，

捏一捏、揉一揉，立即成形！

棉花糖皂是这几年国外流行的皂款，软软的触感和棉花糖一样，因此得名。

棉花糖皂的制作方式和黏土很像，搓一搓、揉一揉，发挥创意就能做出各种造型，简单好操作，是非常适合小朋友DIY的素材。还可利用模具塑形，制作出逼真的点心、冰淇淋等造型，美观与实用兼具，这也是让棉花糖皂大受欢迎的原因！

棉花糖皂因为含有较高的甘油成分，如果在雨天或梅雨季节时，记得要用保鲜膜包覆保存，避免出水。如果想要增添颜色，需使用色粉或水溶性色剂调色，避免使用油溶性染料，以免粘手，不易成形。

皂黏土的替代配方

如果没有棉花糖皂的材料，也可以试试以下的配方，当然做出来的质感会不太一样喔！

材料｜橄榄油300g、棕榈油150g、椰子油200g、蓖麻油50g、氢氧化钠100g、水250g（也可以用一半乳一半水，增加保存期限，不易酸败）。

做法｜依照手工皂冷制法。

重点｜调色、调味后，倒入塑料袋密封，防止水分散失，等退碱一个月后就可以使用了！

巧克力饼干皂

发挥创意，巧妙塑形

准备 PREPARE

工具

模具、小汤匙、竹签、刮刀、线刀

材料

棉花糖皂（黄色）、可可粉、精油（视个人喜好添加）

做法
STEP BY STEP

C H O C O L A T E   C O O K I E S

1 将一部分棉花糖皂如图捏出一个凹进去的圆片，放入可可粉并包起来，将棉花糖皂反复往两旁拉长，让颜色混合均匀。调色完可加入适量精油。

2 将棉花糖皂先搓圆再搓长，整成长椭圆形。

3 用刮刀将长条的棉花糖皂对半切开，大小尽量一致，做出来的夹心饼干才会一样大喔!

4 将两个棉花糖皂搓圆后在模具中压扁。

Tips 可可粉是染色的好素材，但需注意用粉类调色时，皂体会变得较硬!

5 利用线刀和竹签制作饼干的表面纹路，让饼干造型更为逼真！

6 将剩余的黄色棉花糖皂搓圆后压扁，当作夹心内馅。

7 将夹心内馅放在两块巧克力饼干中间即完成。

娜娜妈小教室

棉花糖皂有趣好玩的地方在于每个人都能发挥无限创意，除了夹心饼干造型，你也可以自己研发其他造型，像卷心饼、马卡龙等，都能带来大大的成就感喔！

Tips 饼干上的装饰可以用冰淇淋皂来点缀，用花嘴挤出线条。

夹心棉花糖皂

捏捏揉揉，立即成形

准备 PREPARE

工具

小刀、小汤匙、砧板

材料

棉花糖皂（白色）、色素（黄色）、有机胭脂树粉、精油（视个人喜好添加）

做法
STEP BY STEP

COTTON CANDY

1 将棉花糖皂分成2块。一块备用，另一块与黄色的色素调和，并捏出一个小凹洞，用小汤匙放入胭脂树粉后包起来，再反复往两旁拉长，让颜色混合均匀。调色完可添加3～5滴精油。

Tips 胭脂树粉需少量慢慢加入，避免添加过量造成颜色太深。

2 将2种不同颜色的棉花糖皂在砧板上搓成长条形备用，我们要将黄色长条当作夹心内馅，所以黄色需比白色再细一点。

3 将白色棉花糖皂用手掌轻轻压扁摊平，再将黄色棉花糖皂放在上面，小心卷起。

4 用小刀将卷起的棉花糖皂切小块，每一块长2～3cm（由于白色棉花糖皂拍摄效果不佳，故左页图中的棉花糖皂采用了其他颜色）。

三色甜筒冰淇淋皂

善用模具，快速完成

准备 PREPARE

工具

冰淇淋模具、甜筒模具

材料

棉花糖皂（白色）、皂基、色素（黄色、粉红色）、可可粉、精油（视个人喜好添加）

做法
STEP BY STEP

ICE CREAM CONE

1 将棉花糖皂分成3份，一份备用，其余的分别用黄色、粉红色色素调和，然后3份棉花糖皂分别搓成圆形，再塞入冰淇淋模具中塑形后取出。

2 将皂基在冰淇淋模具中加热熔化后，加入可可粉调成咖啡色，可加入2~3滴精油，倒入甜筒模具定形后取出。

3 小心将冰淇淋棉花糖皂小部分塞进甜筒状皂基即完成。

娜娜妈 小教室

甜筒冰淇淋皂

这款甜筒冰淇淋皂的甜筒部分，若是没有模具，也可以先将咖啡色棉花糖皂压扁，铺在有网格纹路的板子上轻压出格纹，再卷成甜筒状即可。

ICE
CREAM

冰淇淋皂，挤出百变花样

手工皂新玩法，利用花嘴，创作出各种皂形！

“冰淇淋皂”是德国进口的新皂材，像奶油般的质地，呈现如冰淇淋般的浓稠的流质状，所以叫作冰淇淋皂。

冰淇淋皂非常容易制作，调色后，放入挤花袋中，利用不同的花嘴，能挤出千变万化的花形，如玫瑰花形、奶油蛋糕花形等。挤在杯子蛋糕的皂基上，就成了一个个可爱的作品，既实用又精致、美观，拿来送礼也相当棒呢！

冰淇淋皂的替代配方

如果没有冰淇淋皂的材料，也可以试试以下的配方，当然做出来的质感会不太一样喔！

材料｜椰子油175g、棕榈油175g、乳木果油175g、蓖麻油35g、橄榄油70g、澳洲胡桃油70g、氢氧化钠99g、水250g。

做法｜依照手工皂冷制法

重点｜调色、调味后，倒入塑料袋密封，防止水分散失，等退碱一个月后就可以使用了！

奶油礼物蛋糕皂

棉花糖皂搭配冰淇淋皂，造型更多变！

准备 PREPARE

工具

小剪刀、小夹子、搅拌棒、挤花袋2个、齿形花嘴、平口花嘴、方形模具

材料

黄色色素、银色小珠珠、冰淇淋皂（白色）、棉花糖皂（蓝色）、杯子蛋糕基底、精油（视个人喜好添加）

做法

STEP BY STEP

A CREAM CAKE

1 将黄色色素滴入部分冰淇淋皂里，并用搅拌棒搅拌均匀，再滴入精油搅拌均匀。

2 将转接头放入挤花袋中，挤花袋前端剪开口，再套入平口挤花嘴固定，将黄色冰淇淋皂放入。

3 用挤花的方式，将冰淇淋皂挤在杯子蛋糕基底上，形成交错的纹路。

4 将蓝色的棉花糖皂搓圆压入方形模具中，记得要保证填满，这样压出来的造型才会好看。

5 用手轻轻将棉花糖皂取出，切勿用力挤压，以免破坏造型。

6 拿小剪刀仔细修剪皂体边缘，让造型更平整好看。

G 装饰

7 将剩余的白色冰淇淋皂装进挤花袋，在蛋糕外围往上挤出奶油花边，花边之间的空隙可以在侧面往外挤上花边填补。

Tips 在挤花边前，可以先在别处测试挤出来的花边是否成功，如果牵丝太长，代表皂变得太稠，要重新搓一搓或拌一拌后再使用。

H 组合

8 挤一点黄色的冰淇淋皂，当作黏着剂，再将棉花糖造型皂插在黏着剂上，插上去后可以在背面再挤一点皂补强，防止倒下。

I 点缀

9 用小夹子将银色珠珠放在花边上方，点缀造型。

玫瑰花渲染皂

充满层次感的渲染效果

准备 PREPARE

工具

剪刀、挤花袋、花嘴、搅拌棒。

材料

色素（黄色、红色）、冰淇淋皂、杯子蛋糕基底、精油（视个人喜好添加）

做法
STEP BY STEP

ROSE SOAP

A 调色

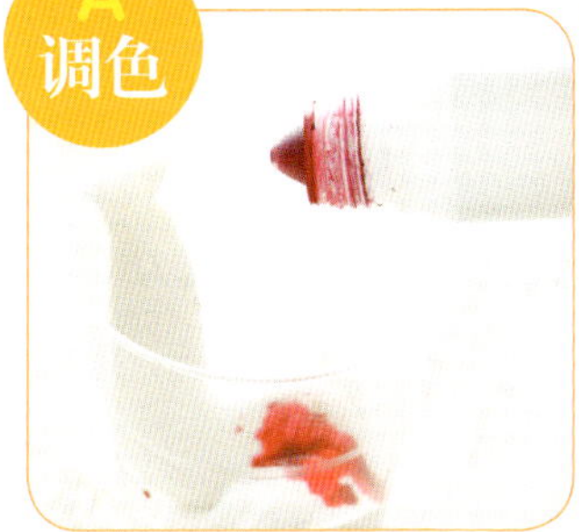

1 将红色色素4滴、黄色色素2滴加入冰淇淋皂中，调出淡淡的粉色。

B 搅拌

2 将色素与冰淇淋皂搅拌均匀。

C 调和

3 加入自己喜欢的精油2～3滴。

D 装袋

4 将花嘴放入挤花袋中，并剪掉挤花袋前端。将挤花袋用杯子固定好，再将调好色的冰淇淋皂放入挤花袋中。

E 挤花

5 用挤花的方式，从杯子蛋糕基底中心向外画出螺旋状的图案，就会做出像玫瑰花瓣一样的形状。

综合霜淇淋皂

简单易做，三步完成

准备 PREPARE

工具

剪刀、挤花袋3个、花嘴、搅拌棒

材料

黄色色素、绿色色素、冰淇淋皂、杯子蛋糕基底、精油（视个人喜好添加）

做法
STEP BY STEP

SOFT SERVE CORN

1 将8滴黄色色素滴入冰淇淋皂里，并用搅拌棒将色素与冰淇淋皂搅拌均匀，再滴入自己喜欢的精油2～3滴。

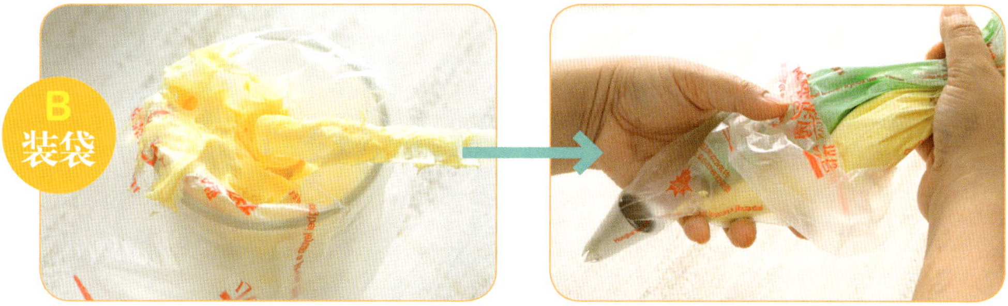

2 将黄色冰淇淋皂放入挤花袋中。按照黄色冰淇淋皂的做法，制作绿色冰淇淋皂。将黄色、绿色挤花袋的前端剪出口，再将黄、绿冰淇淋皂并排放入另一个挤花袋中。

3 用挤花的方式，将双色冰淇淋皂挤在基底上，从外向内挤出霜淇淋般的形状。

著作权合同登记号：图字16—2014—084

图书在版编目（CIP）数据

娜娜妈教你做30款最想学的天然手工皂 / 娜娜妈著. —郑州：河南科学技术出版社，2014. 9（2015. 4 重印）
ISBN 978-7-5349-7198-3

Ⅰ. ①娜… Ⅱ. ①娜… Ⅲ. ①香皂-手工艺品-制作 Ⅳ. ①TS973.5

中国版本图书馆CIP数据核字（2014）第157263号

出版发行：河南科学技术出版社
地址：郑州市经五路66号　邮编：450002
电话：（0371）65737028　65788613
网址：www.hnstp.cn
策划编辑：刘　欣
责任编辑：杨　莉
责任校对：柯　姣
封面设计：张　伟
责任印制：张艳芳
印　　刷：北京盛通印刷股份有限公司
经　　销：全国新华书店
幅面尺寸：170 mm × 240 mm　印张：9.5　字数：110千字
版　　次：2014年9月第1版　2015年4月第2次印刷
定　　价：39.00元

如发现印、装质量问题，影响阅读，请与出版社联系并调换。